N 국가직무능력표준시리즈 **70**

사출금형제작
시제품측정

고용노동부 · 한국산업인력공단

Jinhan **M & B**

차 례

시제품 측정 교재의 개요	3
단원명 1 측정부위 결정하기(15230305_14v2.1)	6
1-1 중요치수 부분 결정하기	6
1-2 시제품 측정하기	19
교수방법 및 학습활동	29
평가	30
단원명 2 공구선정 및 측정 방법 결정하기(15230305_14v2.2)	32
2-1 중요치수 부분 결정하기	32
2-2 측정기 선정하기	37
교수방법 및 학습활동	57
평가	58
단원명 3 측정을 작성하기(15230305_14v2.3)	60
3-1 측정기 셋팅하기	60
3-2 측정값 기록하기	68
3-3 제품 도면을 파악하여 판정하기	79
교수방법 및 학습활동	85
평가	86
학습 정리	88
종합 평가	92
참고자료 및 사이트	98

시제품 측정 교재 개요

능력단위 학습목표
- 중요치수 부분을 파악하여 제품별 특성을 고려하여 측정할 수 있다.
- 공차를 파악하여 시제품 측정시 치수를 고려하여 합부를 판단할 수 있다.
- 중요치수 부분을 파악하여 제품별 특성을 고려하여 측정할 수 있다.
- 제품도의 공차를 파악하여 측정기를 선정하고, 선정된 측정기를 사용할 수 있다.
- 측정 전 영점 조정 여부를 파악하여 오차 범위를 고려하여 측정기 셋팅(영점 조정)을 할 수 있다.
- 제품도면을 파악하여 측정 후 Sheet 에 측정값을 고려하여 기록할 수 있다.
- 측정을 완료 후 제품 도면과 비교 파악하여 합·부 고려하여 판정할 수 있다.

선수학습
- 제품 도면에 대한 지식
- 치수공차에 대한 지식
- 측정공구에 대한 지식
- 측정방법에 따른 정밀도에 대한 지식
- 측정공구의 측정원리 및 구조에 대한 지식
- 측정공구별 정밀도에 대한 지식

교육훈련내용 및 훈련시간

단원명	세부 단원명	교육훈련시간
1. 측정 부위 결정하기	1-1. 중요치수부분 결정하기 1-2. 시제품 측정하기	5
2. 공구선정 및 측정방법 결정하기	2-1. 중요치수 부분 결정하기 2-2. 측정기 선정하기	5
3. 측정을 작성하기	3-1. 측정기 셋팅하기 3-2. 측정값 기록하기 3-3. 제품 도면을 파악하여 판정하기	5

시제품 측정

색인 목록

정밀치수공차	15
일반공차	16
버니어캘리퍼스	51
마이크로미터	53
다이얼게이지	57
공구현미경	58
3차원측정기	59
게이지	60
V블록	64

시제품 측정 교재 개요

능력단위의 위치

NCS 수준	능력단위 명				
8수준					
7수준		사출금형제작공정설계 (15H)			
6수준	시험사출제품 분석(15H)	사출금형제작 일정관리 (15H)	시제품 평가 (15H)	사출금형조립검사 (15H) / 사출 금형 수정(15H)	
5수준	사출제품도 분석 (15H)			사출금형 경면래핑 (15H)	
4수준	사출금형 조립도설계 (30H)	사출금형제작설비관리 (15H) / 사출금형부품가공 (60H) / 사출금형제작 표준화 관리 (15H)	사출시험작업 (30H)	사출금형 도면해독(15H) / 사출금형다듬질(15H) / 사출금형 고정측 조립 (15H) / 사출금형 가동측 조립 (15H) / 사출금형 조립의 안전과 환경관리(15H)	
3수준	사출금형부품 설계(45H) / 가공지원 도면작성 (15H)	사출금형제작 도면해독 (15H) / 사출금형제작 공정간 검사(15H)	사출성형공정 검토(15H) / 제품도 및 금형도 해독(15H) / 사출성형 설비점검	사출금형 조립부품검토 (30H)	편심·나사 작업(15H) / 공구선정 (15H)
2수준	사출금형 3D 부품 모델링 (30H) / 사출금형 2D 도면 작성 (15H)		**시제품 측정 (15H)**		기본작업(15H) / 단순형상작업 (15H) / 홈·테이퍼작업 (15H)
-	직업기초능력				
수준 \ 세분류	사출금형 설계	사출금형 제작	사출금형 품질관리	사출금형 조립	선반가공

시제품 측정

단원명 1 측정부위 결정하기(15230305_14v2.1)

1-1 중요치수 부분 결정하기

| 교육훈련 목표 | • 중요치수 부분을 파악하여 제품별 특성을 고려하여 측정할 수 있다. |

필요 지식

1. 제품도 주요 공차부 확인

(1) 프런트 업퍼(Front-Upper) 도면의 주요부 확인

[그림1-1-1]은 제품 도면의 주요 치수들을 나타내었다. 전체 도면으로 모든 치수를 측정해야 하고, 공차가 기입된 치수들은 상대물과의 조립이나, 디자인과 관련된 중요한 치수 이므로, 이들 치수는 더욱더 정밀하게 측정할 필요가 있다.

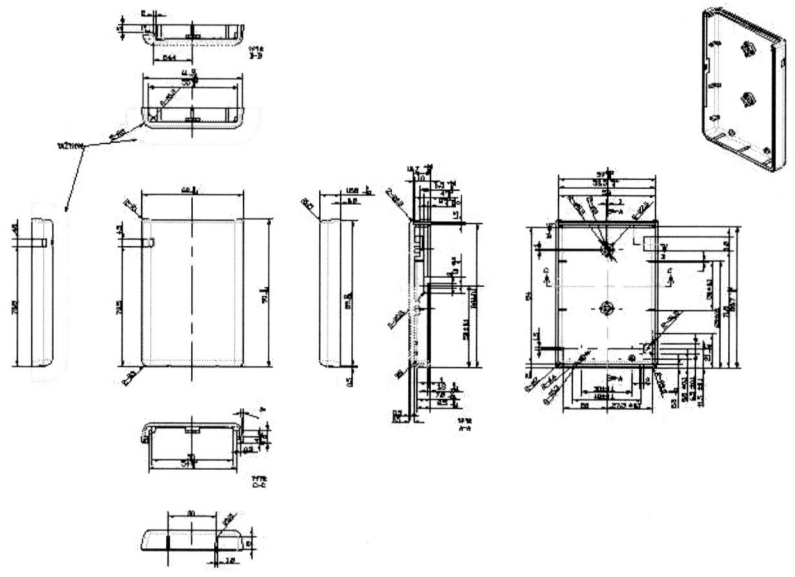

[그림1-1-1] Front-Upper 제품도면

[그림1-1-2]는 제품도면의 정면도, 우측면도, 좌측면도를 나타내었다. 공차가 적용된 치수들을 살펴보면 다음과 같다. 전폭은-0.1mm 이므로 치수는 62~61.9mm로 관리 되어야하고, 전장

은 -0.1mm 로 치수는 90~89.9mm로 관리 되어야 한다. 제품의 높이는 -0.1 mm 로 치수는 12.5~12.4mm로 관리 되어야 한다. 이 치수를 넘게 되면 상대물과 조립을 할 때에 조립이 되지 않을 수도 있다. 89mm 에 -0.1mm 로 표기되어 있는 치수는 가이드 리브라고 하여, 상대물과의 조립시 위치를 안내해 주는 역할을 한다. 이 치수가 정확히 관리가 되지 않는다면, 제품 외관상 문제가 될 것이다.

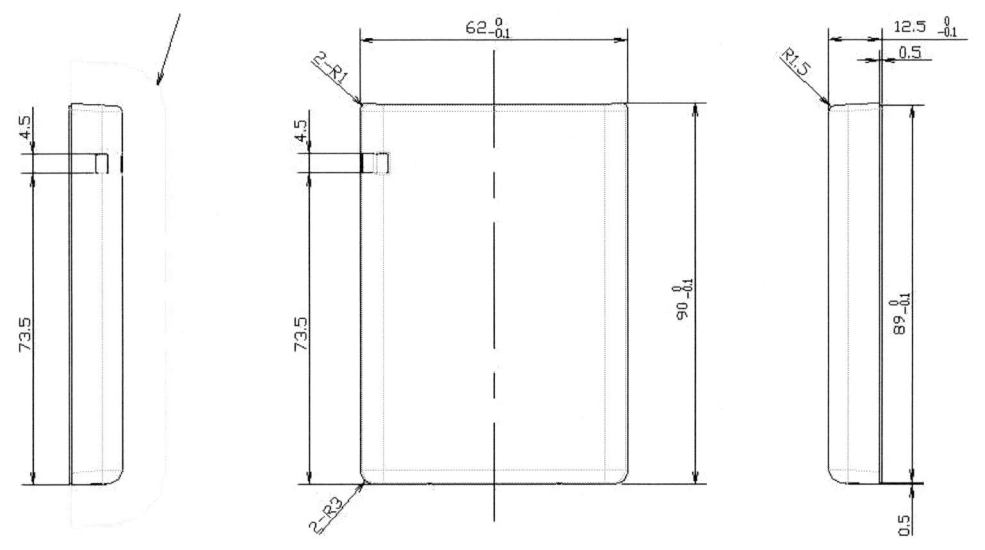

[그림1-1-2] 제품도면의 정면도, 우측면도, 좌측면도

[그림1-1-3]은 제품도면의 단면도와 배면도를 나타내었다. 단면도 A-A에서 보스의 높이나 후크부위는 치수를 (+) 관리를 하고 있다. 도면에서 중요도가 약간 낮은 치수들은 (±)로 표기 되었다. 치수 (±)0.1은 88.1~87.9mm로 관리를 해야 한다. 배면도에서 홀과 홀과의 거리, 상대물의 위치 고정 가이드 리브들은 공차 관리를 하였다. 표기된 나머지 치수들도 확인한다.

시제품 측정

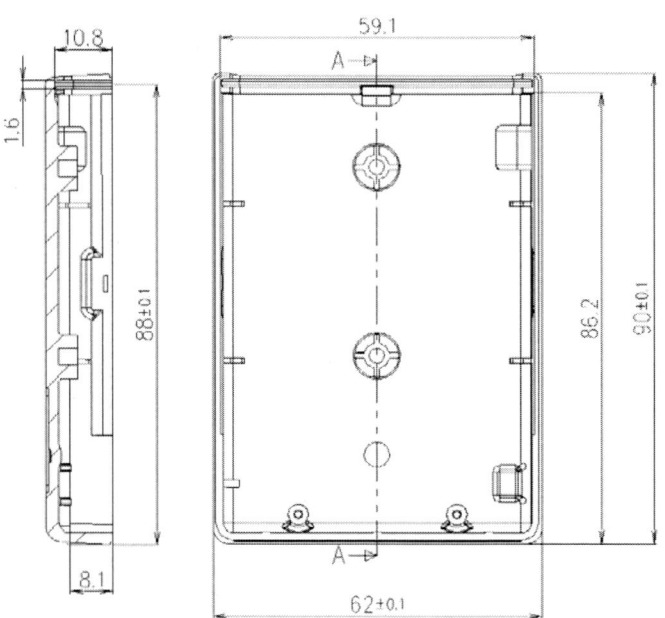

[그림1-1-3] 제품도면의 단면도와 배면도

[그림1-1-4]에서 치수 (-)0.1은 61~60.9mm와 치수 (+)0.1은 55.1~55mm 가 중요 치수로 집중해서 관리해야 한다. 표기된 나머지 치수들도 확인한다.

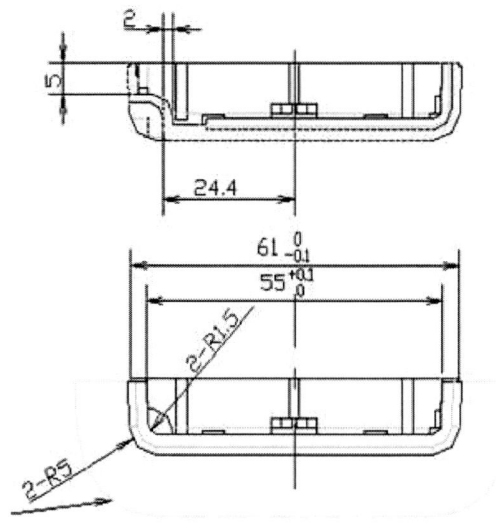

[그림1-1-4] 제품도면의 단면도와 평면도

단원명 1 측정부의 결정하기

[그림1-1-5]에서 치수 (+)0.1은 54.1~54mm 가 중요 치수로 집중해서 관리해야 한다. 표기된 나머지 치수들도 확인한다.

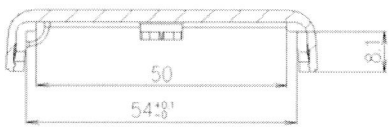

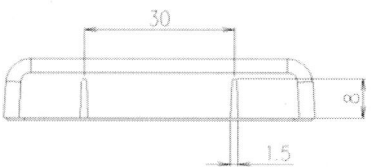

[그림1-1-5] 제품도면의 단면도와 처면도

(2) 프런트 로어(Front-Lower) 도면의 주요부 확인

[그림1-1-6]은 프런트 로어(Front-Lower)의 제품도면이다. 도면은 제품의 주요 부위와 각각의 치수를 나타내었다.

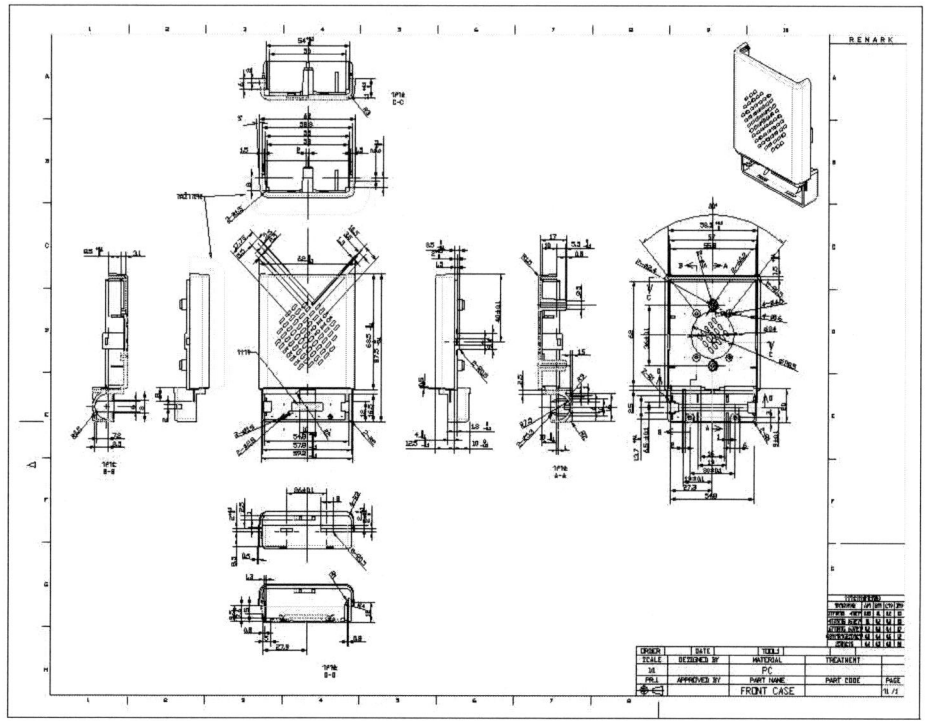

[그림1-1-6] Front-Lower 제품도면

시제품 측정

[그림1-1-7]은 제품도면의 정면도, 우측면도, 좌측면도를 나타내었다. 공차가 적용된 치수들을 살펴보면 다음과 같다. 가이드 리브의 높이의 치수는 1.8 mm에서 공차는 +0.0과 -0.1mm 이므로 치수는 1.7~1.8mm로 관리 되어야 하고, 홀과 홀과의 거리는 40.0±0.1mm이므로 치수는 39.9~40.1mm로 관리 되어야 한다. 공차가 적용된 치수들을 집중적으로 관리해야 한다.

[그림1-1-8]은 제품도면의 단면도와 배면도를 나타내었다. 공차가 적용되어 있는 부분은 집중적으로 관리되어야 한다. 표기된 나머지 치수들도 확인한다.

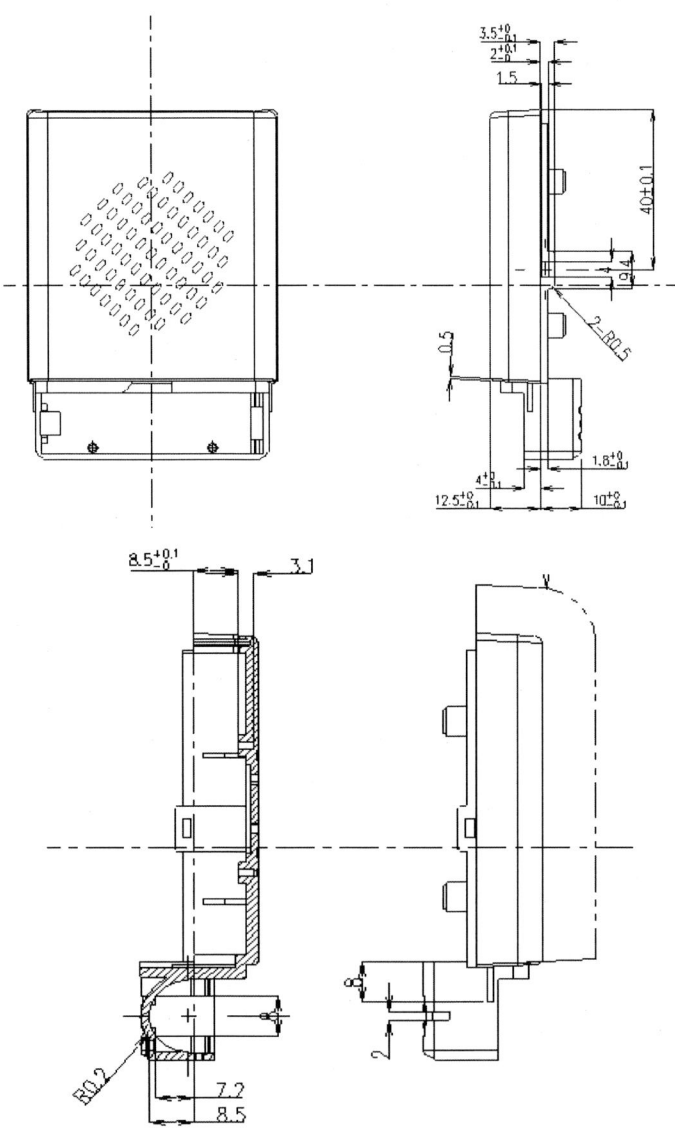

[그림1-1-7] 제품도면의 정면도, 우측면도, 좌측면도

단원명 1 측정부의 결정하기

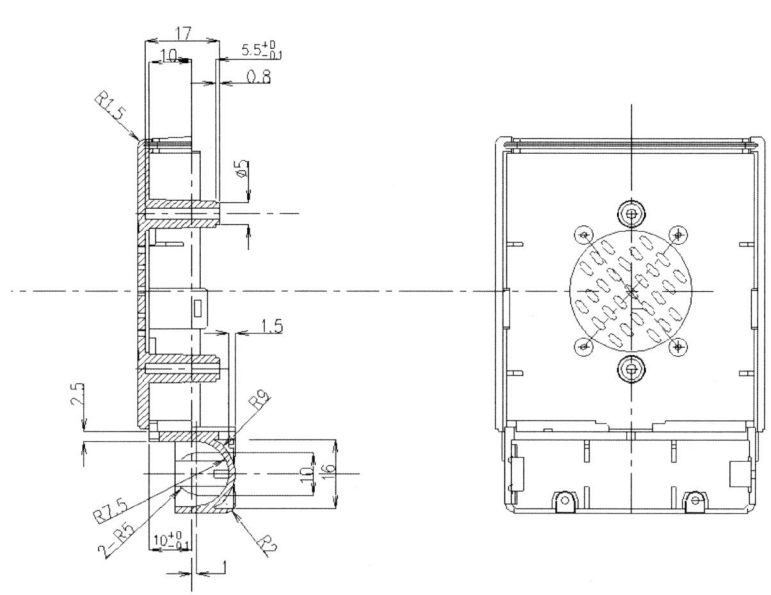

[그림1-1-8] 제품도면의 단면도와 배면도

[그림1-1-9]에서 홀과 홀의 거리 치수 (±)0.1에서 26.1~25.9mm는 중요 치수로 집중해서 관리해야 한다. 나머지 공차 치수와 나머지 치수를 확인한다.

[그림1-1-10]에서 치수 (+)0.1은 54.1~54mm, 치수 (+)0.1은 11~11.1mm, 치수 (+)0.1은 6~6.1mm가 중요 치수로 집중해서 관리해야 한다.

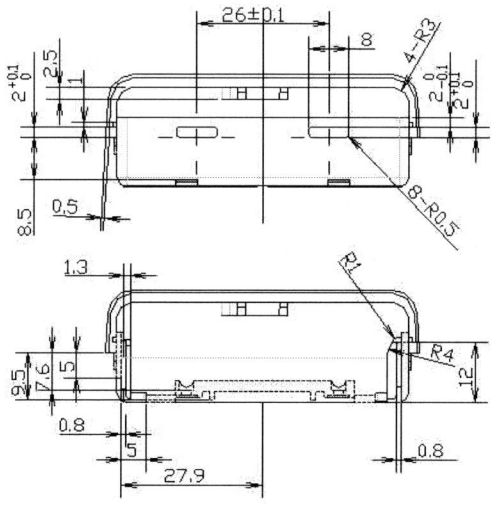

[그림1-1-9] 제품도면의 평면도와 단면도

11

시제품 측정

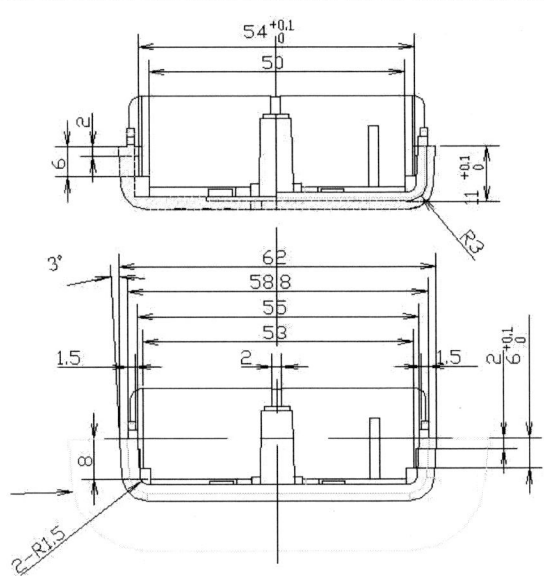

[그림1-1-10] 제품도면의 단면도와 처면도

(3) 프런트 커버(Front-Cover) 도면의 주요부 확인

[그림1-1-11]은 Front-Cover 도면의 주요 치수들을 나타내었다. 공차가 기입된 치수들을 확인하고, 상대 물과의 조립여부를 확인한다. 나머지 치수들을 확인한다.

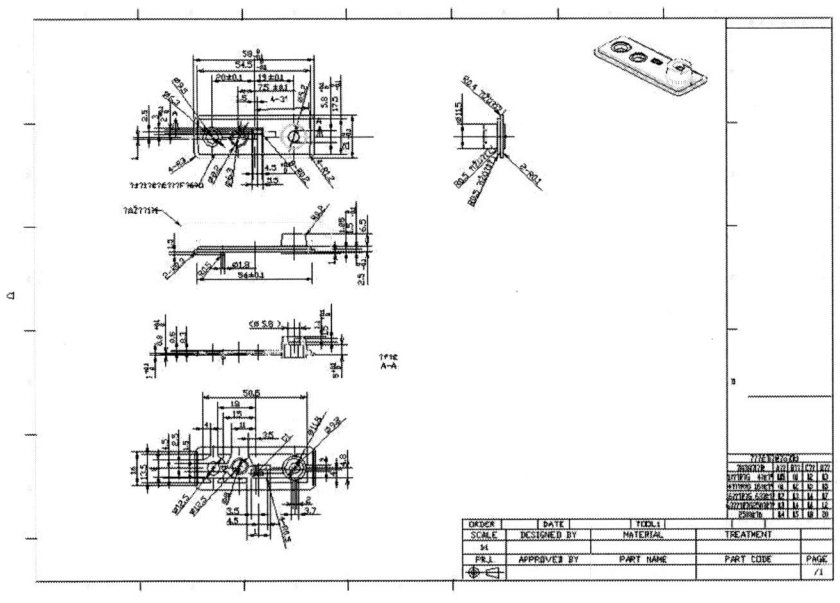

[그림1-1-11] Front-Cover 제품도면

(3) 밧데리 리드(BATT-Lid) 도면의 주요부 확인

[그림1-1-12]는 밧데리 리드(BATT-Lid) 도면의 주요 치수들을 나타내었다. 공차가 기입된 치수들을 확인한다. 측정하기가 힘든 치수들은 '치수기입 불가' 라고 하여 남겨둔다. 그 밖의 치수들을 확인한다.

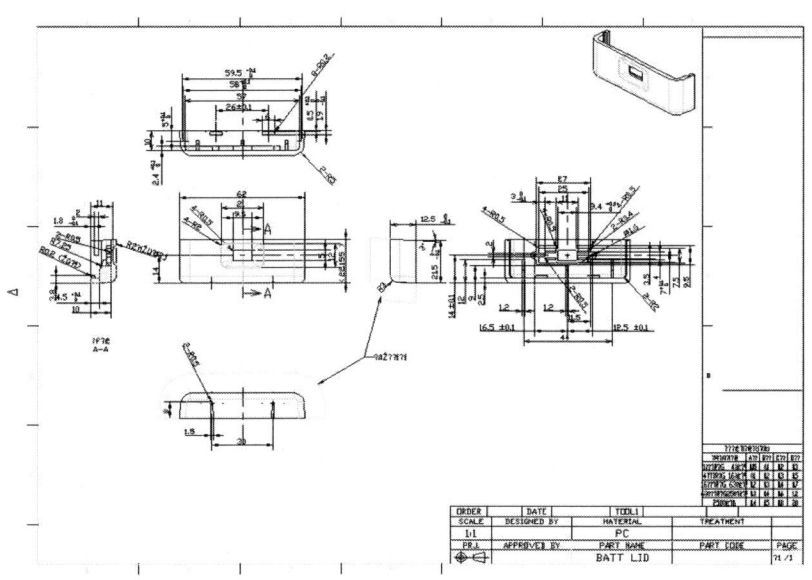

[그림1-1-12] BATT-Lid 제품도면

(4) 정밀치수 공차와 일반 공차

기계는 기능상 지장이 없는 범위 내에서 허용 범위를 정해두면 가공이 쉽게 된다. 필요 이상으로 정밀도를 요구하면 시간과 비용이 늘고, 결과적으로 기계의 생산 가격이 높아진다.

(가) 정밀치수공차

지름 40mm인 축의 도면을 그릴 때, 그 축이 어떻게 사용되었는가를 고려하고 실용상 허용할 수 있는 오차의 범위를 미리 결정하여, 그 치수 범위내로 완성하면 된다. 예를 들면, 40mm라고 정하지 말고, 40.05mm에서 39.96mm사이로 완성하면 된다고 지정하고, [그림1-1-13(a)]와 같이 치수를 기입 한다. 이것은 완성된 치수가 이 범위 내에 있으면 모두 합격품으로 한다.

이때, 실제로 가공된 치수를 실 치수라 하고, [그림1-1-13(b)]와 같이 대(40.05mm), 소(39.96mm) 두 개의 허용할 수 있는 한계를 표시하는 치수를 허용 한계 치수, 그 큰 치수를 최대 허용 치수, 작은 치수를 최소 허용 치수라 한다. 기계 부품의 호환성을 유지하기 위하여 그 기능에 따라서 완성 치수가 표준화된 대, 소 두 개의 치수의 허용 한계 내에 있도록 하는 방식을 치수 공차 방식이라 한다.

시제품 측정

40mm는 허용 한계 치수의 기준이 되는 치수 이므로 기준 치수라 부르고, 이 구멍과 끼워 맞춰지는 축의 기준 치수는 40mm라고 한다.

[그림1-1-13(b)]와 같이 최대 허용 치수와 기준 치수와의 대 수차(최대 허용 치수)-(기준 치수)를 위의 치수 허용차, 최소 허용 치수와 기준 치수와의 소 수차 (최소 허용 치수)-(기준 치수)를 밑의 치수 허용차라고 한다. 기준 치수보다 허용한계 치수가 클 때는 치수 허용차 수치에 + 부호를, 작을 때는 - 부호를 붙인다.

최대 허용 치수와 최소 허용 치수와의 차, [그림1-1-13(b)]와 같이 위의 치수 허용차와 아래의 치수 허용차와의 차를 치수 공차(Tolerance), 또는 공차라 한다.

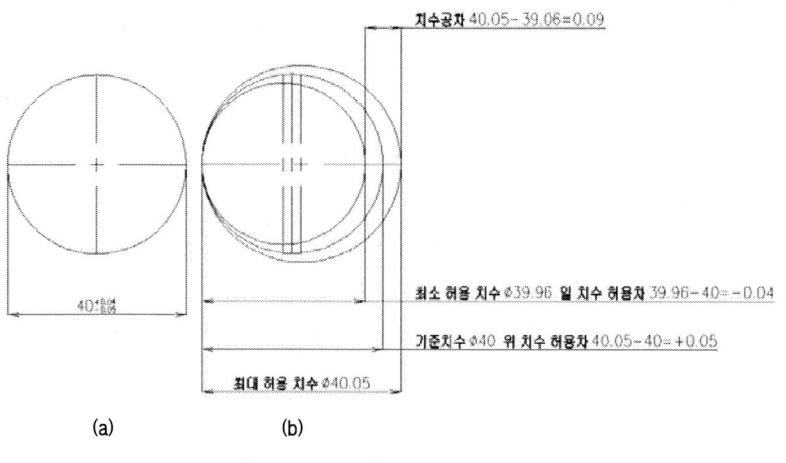

[그림1-1-13] 정밀치수공차

(나) 치수 허용 한계의 기입법

치수의 허용 한계를 수치에 의하여 지시할 때는 다음과 같이 한다.

① 기준 치수 다음에 치수 허용차(위의 치수 허용차 및 아래의 치수 허용차)의 수치를 그려 표시한다. 이때, 위의 치수 허용차는 위쪽에, 아래의 치수 허용차는 아래쪽에 쓴다. 이때, 소수점 이하의 자리수는 가지런히 쓴다. [그림1-1-14(a)]

위. 아래의 치수 허용차 중 어느 한쪽 수치가 영일때는 숫자 0 으로 표시한다. 0에는 + , - 의 부호는 붙이지 않는다. [그림1-1-14(b)]

양측 공차(+ , - 를 갖는 것)에서 위.아래의 치수 허용차가 같을 때(절대 값이 같다)는 수치를 하나로 하고 그 부호를 붙인다. [그림1-1-14(c)]

② 허용 한계 치수(최대 허용 치수, 최소 허용 치수)로 표시한다. 이때, 최대 허용 치수는 위쪽에, 최소 허용 치수는 아래쪽에 기입한다. [그림1-1-14(d)]

③ 최대 허용 치수 또는 최소 허용 치수의 어느 한쪽을 지정할 필요가 있을 때는, 치수 수치 앞에 "최대" 또는 "최소" 라고 기입하거나, 또는 치수 수치 다음에 "max" 또는 "min"이라고 기입한다. [그림1-1-14(e)]

단원명 1 측정부의 결정하기

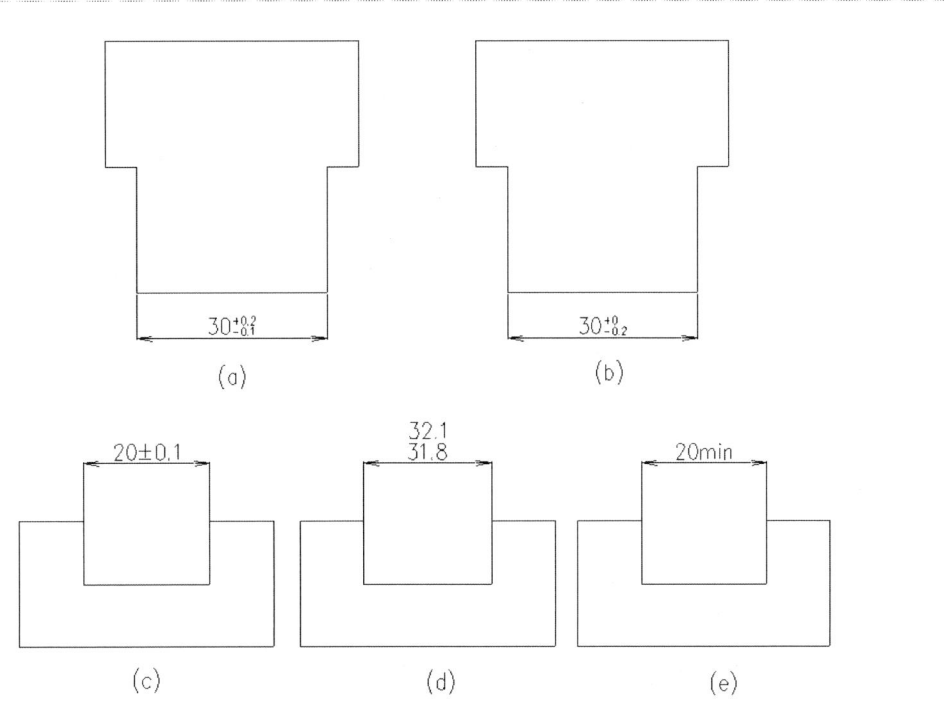

[그림1-1-14] 치수 허용 한계의 기입

(다) 일반공차

　도면의 치수는 공차 표시에 따라서 확실하고, 완전하게 표시하지 않으면 안된다. 그러나, 도면 지시를 간단하게 할 목적으로 각각 공차의 지시가 없는 길이 치수에 대한 공차 등급의 일반 공차에 대하여 규정하고 있다. 이것을 일반 공차라 한다.

이 규격은 금속 가공 또는 판금 성형에 의하여 제작된 부품의 치수에 적용한다. 이들의 공차는 금속 이외의 재료에 적용해도 된다.

〈표1-1-1〉은 절삭가공 치수의 일반 허용차 (JIS B 0405, KS B 0412)를 나타낸다. 일반 허용차는 정밀급, 중급, 거친급으로 분류되어 있다. 또, 12급, 14급, 16급은 치수 일반 허용차의 통칙(JIS B0404)에 의한 등급 수치이다.

도면 위에 일반 공차를 적용할 때는 다음 사항을 표제란 속에 또는 그 가까이에 표시한다.

① 각 기준 치수의 구분에 대한 일반 공차의 공차 등급이나, 그 수치의 표를 나타낸다.

② 적용하는 규격 번호, 공차 등급 등을 나타낸다.

　　(예) JIS B 0405 JIS B 0405-m (KS B 0412, KS B 0412-m)

③ 특정 허용차의 값을 나타낸다.

　　(예) 치수 허용차를 지시하고 있지 않는 치수 허용차는 ± 0.25로 한다.

시제품 측정

<표1-1-1> 절삭 가공 치수에 대한 허용차 단위(mm)

치수의 구분	등급	정밀급 (12급)	일반급(보통급) (14급)	거친급 (16급)
0.5이상 3초과	3이하 6이하	± 0.05	± 0.1	-
				± 0.2
6초과 30초과 120초과	30이하 120이하 3150이하	± 0.1	± 0.2	± 0.5
		± 0.15	± 0.3	± 0.8
		± 0.2	± 0.5	± 1.2
315초과 1000초과	1000이하 2000이하	± 0.3	± 0.8	± 2
		± 0.5	± 1.2	± 3

JIS B 0405(KS B 0412)

실기 내용

1. 중요치수 부분 결정하기

(1) 2D 공차가 있는 제품도면을 준비한다.

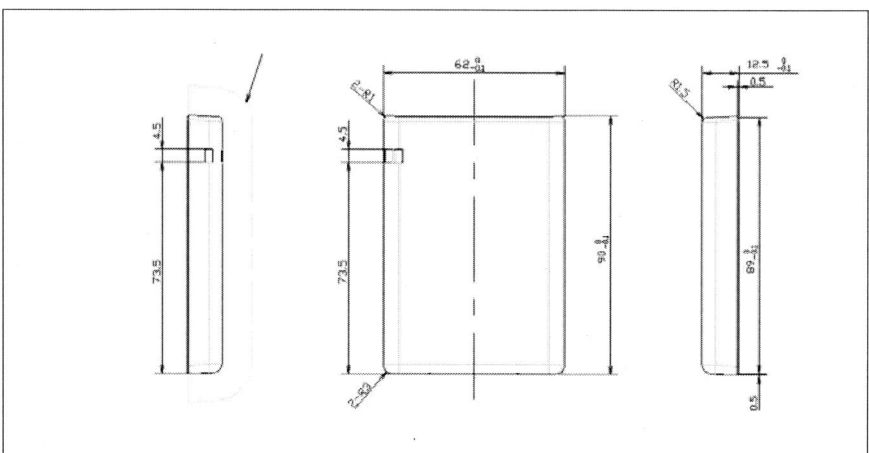

[그림1-1-15] 2D 제품 도면

① 그림과 같은 공차가 있는 제품 도면을 준비한다.
② 공차가 많이 없는 여러 가지 제품 도면을 준비한다.
③ 5인 1조로 구성한다.

단원명 1 측정부의 결정하기

(2) 제품도면에서 중요치수를 선택하게 한다.
  ① 공차를 적용하는 이용에 대해서 자료를 조사하도록 한다

(3) 공차가 (-)인 경우 치수 표기법에 대해서 설명한다.
  ① 치수가 50.0 mm, 공차가 -0.1 mm 인 경우, 49.9 mm 으로 표기한다.

(4) 공차가 (+)인 경우 치수 표기법에 대해서 설명한다.
  ① 치수가 50.0 mm, 공차가 +0.1 mm 인 경우, 50.1 mm 으로 표기한다.

(5) 검토한 도면으로 발표를 하도록 한다.
  ① 검토한 자료를 정리한다.
  ② 조별로 검토한 자료를 바탕으로 토의를 한다.

장비 및 도구, 소요재료

구 분	명 칭	규격(사양)	1대당 활용인원
장 비	컴퓨터		1인
	프린터		10인
	2D, 3D 설계 프로그램		1인
도 구	계산기, 메모지, 펜		1인
	마이크로미터, 버어니어 캘리퍼스, 직각자 등 본 측정기류		1인
	정반		5인
소요재료	3D 모델링 제품		1인
	2D 제품도		1인

안전유의사항

1. 안전유의사항
 - 안전수칙 준수
 - 관련 매뉴얼에 대한 사전에 숙지하려는 노력

시제품 측정

관련 자료

1. 관련 자료
  - 제품도
  - 검사 성적서 및 금형도면
  - 외관검사용 한도견본
  - 측정기 매뉴얼
  - 시제품 시료
  - 관련규격자료(KS 규격자료 등)

1-2　시제품 측정하기

| 교육훈련 목표 | • 공차를 파악하여 시제품 측정시 치수를 고려하여 합·부를 판단할 수 있다. |

필요 지식

1. 측정 데이터(Data)와 제품도면 비교

제품도면을 확인하고, 사출 성형품을 측정하였다면, 측정 데이터(Data)와 비교하여 합격, 불합격을 판단해야 한다. 불합격된 치수는 원인을 파악하고, 금형제작상의 문제인지, 설계에서의 문제인지를 파악하여 수정하고 다시 측정해야 한다.

(1) 프런트 업퍼(Front-Upper) 도면과 측정 데이터(Data)의 비교

[그림1-2-1]은 프런트 업퍼(Front-Upper) 도면과 측정 데이터(Data)를 나타내었다. 공차가 기입된 치수들을 먼저 측정하고, 나머지 치수들을 측정하였다. 측정하기 위한 샘플은 5개를 측정하였다. 측정 데이터(Data)에서 20번으로 표기된 부분은 NG가 표기가 되었다. 치수값이 문제가 있으므로 원인을 파악하여 수정해서 다시 측정해야 한다.

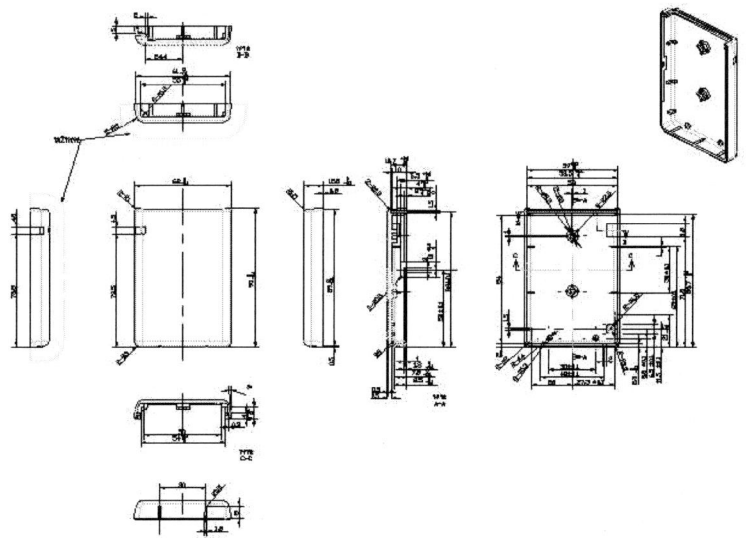

[그림1-2-1] 제품도면

시제품 측정

[그림1-2-2] 프런트 업퍼(Front-Upper) 제품도면과 측정 데이터(Data)

[그림1-2-3]은 공차가 적용되어 있지 않는 나머지 치수들을 측정하였다. 공차가 없는 치수들은 도면에 표기된 일반 공차를 적용하여 준다. 도면마다 일반 공차는 다르므로 확인하여 적용한다. 여기서는 일반 공차를 (±)0.3을 적용하였다.

[그림1-2-3] 프런트 업퍼(Front-Upper)의 측정 데이터(Data)

(2) 프런트 로어(Front-Lower) 도면과 측정 데이터(Data)의 비교

[그림1-2-4]는 프런트 로어(Front-Lower) 도면과 측정 데이터(Data)를 나타내었다. 공차가 기입된 치수들을 먼저 측정하고, 나머지 치수들을 측정하였다. 프런트 업퍼(Front-Upper)와 같이 측정하기 위한 샘플은 5개를 측정하였다. 공차가 적용되어 있지 않는 나머지 치수들을 측정하였다. 공차가 없는 치수들은 도면에 표기된 일반 공차를 적용하여 준다. 일반 공차는 (±)0.3을 적용하였다. 결과가 OK 이므로, 양산품으로 바로 생산 할 수가 있다.

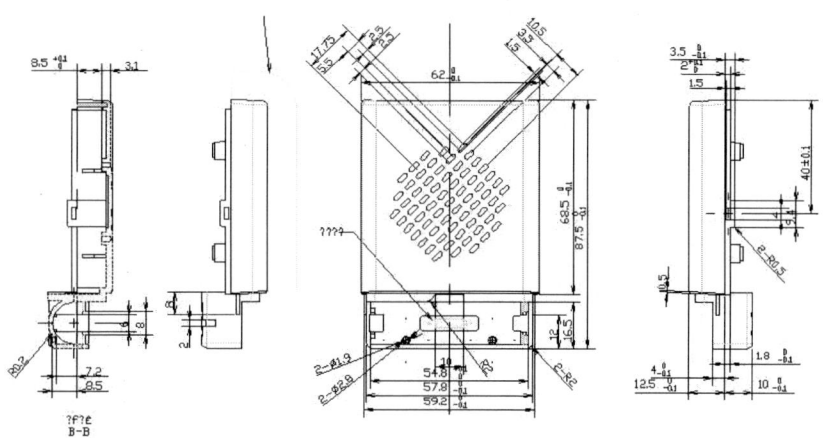

24	13.700	0.100	0.000	13.770	13.770	13.780	13.780	13.780	OK	0.080	0.070	비접촉3차원
25	1.500	0.100	0.000	1.560	1.590	1.590	1.590	1.550	OK	0.090	0.050	비접촉3차원
26	9.000	0.100	-0.100	8.940	8.940	8.940	8.960	8.960	OK	-0.040	-0.060	비접촉3차원
27	16.500	0.300	-0.300	16.560	16.550	16.550	16.580	16.580	OK	0.080	0.050	비접촉3차원
28	12.000	0.100	-0.100	12.020	11.950	11.980	11.980	11.980	OK	0.020	-0.050	비접촉3차원
29	2.500	0.300	-0.300	2.450	2.450	2.480	2.480	2.480	OK	-0.020	-0.050	비접촉3차원
30	1.500	0.300	-0.300	1.550	1.560	1.570	1.570	1.580	OK	0.070	0.050	비접촉3차원
31	8.000	0.300	-0.300	7.990	7.950	7.990	7.950	7.990	OK	-0.010	-0.050	비접촉3차원
32	2.500	0.300	-0.300	2.460	2.460	2.450	2.550	2.460	OK	0.050	-0.050	비접촉3차원
33	1.000	0.300	-0.300	1.060	1.060	1.060	1.050	1.050	OK	0.060	0.050	비접촉3차원
34	8.500	0.300	-0.300	8.450	8.450	8.460	8.470	8.470	OK	-0.030	-0.050	비접촉3차원
35	9.500	0.300	-0.300	9.440	9.460	9.490	9.460	9.460	OK	-0.010	-0.060	비접촉3차원
36	7.600	0.300	-0.300	7.560	7.560	7.560	7.560	7.560	OK	-0.040	-0.040	비접촉3차원
37	5.000	0.300	-0.300	4.990	4.980	4.980	4.970	4.970	OK	-0.010	-0.030	비접촉3차원
38	12.000	0.300	-0.300	12.060	12.040	12.040	12.080	12.080	OK	0.080	0.040	비접촉3차원
39	0.800	0.300	-0.300	0.800	0.790	0.770	0.770	0.790	OK	0.000	-0.030	비접촉3차원
40	1.300	0.300	-0.300	1.250	1.250	1.270	1.270	1.270	OK	-0.030	-0.050	비접촉3차원
41	3.100	0.300	-0.300	3.050	3.080	3.080	3.080	3.080	OK	-0.020	-0.050	비접촉3차원
42	8.500	0.300	-0.300	8.460	8.460	8.460	8.460	8.460	OK	-0.040	-0.040	비접촉3차원
43	7.200	0.300	-0.300	7.160	7.160	7.160	7.170	7.170	OK	-0.030	-0.040	비접촉3차원
44	8.000	0.300	-0.300	7.980	7.980	7.980	7.950	7.950	OK	-0.020	-0.050	비접촉3차원
45	6.000	0.300	-0.300	6.020	6.020	6.030	6.030	6.040	OK	0.040	0.020	비접촉3차원
46	8.000	0.300	-0.300	7.980	7.950	7.950	7.980	7.950	OK	-0.020	-0.050	비접촉3차원
47	2.000	0.300	-0.300	1.950	1.950	1.980	1.980	1.980	OK	-0.020	-0.050	비접촉3차원
48	50.000	0.300	-0.300	50.020	50.020	50.040	50.040	50.020	OK	0.040	0.020	비접촉3차원
49	6.000	0.300	-0.300	5.950	5.950	5.980	5.980	5.980	OK	-0.020	-0.050	비접촉3차원
50	2.000	0.300	-0.300	1.960	1.960	1.960	1.960	1.930	OK	-0.040	-0.070	비접촉3차원
	62.000	0.300	-0.300	62.030	62.030	62.050	62.050	62.050	OK	0.050	0.030	비접촉3차원
	58.900	0.300	-0.300	58.820	58.850	58.890	58.850	58.860	OK	0.090	0.020	비접촉3차원
	55.000	0.300	-0.300	54.960	54.980	54.980	54.990	55.000	OK	0.000	-0.040	비접촉3차원
	53.000	0.300	-0.300	52.990	52.940	52.950	52.950	52.950	OK	-0.010	-0.060	비접촉3차원

	2.000	0.300	-0.300	1.960	1.960	1.960	1.970	1.970	OK	-0.030	-0.040	비접촉3차원
	2.000	0.300	-0.300	1.990	1.980	1.990	1.950	1.950	OK	-0.010	-0.050	비접촉3차원
	9.400	0.300	-0.300	9.450	9.450	9.460	9.480	9.480	OK	0.080	0.050	비접촉3차원
	4.000	0.300	-0.300	3.950	3.950	3.960	3.960	3.950	OK	-0.040	-0.050	비접촉3차원
	1.500	0.300	-0.300	1.450	1.450	1.480	1.480	1.480	OK	-0.020	-0.050	비접촉3차원
	17.000	0.300	-0.300	17.060	17.050	17.050	17.050	17.050	OK	0.060	0.050	비접촉3차원
	10.000	0.300	-0.300	9.950	9.950	9.960	9.960	9.930	OK	-0.040	-0.070	비접촉3차원
	0.800	0.300	-0.300	0.780	0.770	0.770	0.780	0.770	OK	-0.020	-0.030	비접촉3차원
	2.500	0.300	-0.300	2.460	2.460	2.480	2.470	2.470	OK	-0.020	-0.040	비접촉3차원
	10.000	0.300	-0.300	9.980	9.980	9.950	9.950	9.950	OK	-0.020	-0.050	비접촉3차원
	16.000	0.300	-0.300	15.930	15.950	15.960	15.960	15.960	OK	-0.040	-0.070	비접촉3차원
	6.000	0.300	-0.300	5.950	5.960	5.960	5.960	5.970	OK	-0.030	-0.050	비접촉3차원
	57.000	0.300	-0.300	57.070	57.070	57.070	57.080	57.080	OK	0.080	0.070	비접촉3차원
	55.800	0.300	-0.300	55.830	55.830	55.830	55.840	55.840	OK	0.040	0.030	비접촉3차원
	62.000	0.300	-0.300	62.070	62.070	62.040	62.040	62.070	OK	0.070	0.040	비접촉3차원
	2.500	0.300	-0.300	2.550	2.560	2.550	2.550	2.560	OK	0.060	0.050	비접촉3차원
	27.300	0.300	-0.300	27.360	27.360	27.360	27.380	27.380	OK	0.080	0.060	비접촉3차원
	16.000	0.300	-0.300	15.990	15.980	15.980	15.970	15.980	OK	-0.010	-0.030	비접촉3차원
	19.000	0.300	-0.300	19.040	19.040	19.040	19.040	19.060	OK	0.060	0.040	비접촉3차원
	6.000	0.300	-0.300	6.030	6.030	6.020	6.020	6.020	OK	0.030	0.020	비접촉3차원
	3.000	0.300	-0.300	3.020	3.020	3.010	3.030	3.030	OK	0.030	0.010	비접촉3차원
	20.000	0.300	-0.300	20.050	20.060	20.060	20.060	20.050	OK	0.060	0.050	비접촉3차원

사출조건	사출 속도		압력		계량			실린더 온도	온조기 온도	금형 온도	특이사항
	속도	위치	V/P		배압	속도	위치				
			보압	시간					냉각 time	cycle time	
				기타	계량시간		절환위치		H-CUSHION		

최종평가
OK

[그림1-2-4] 프런트 로어(Front-Lower) 제품도면과 측정 데이터(Data)

(3) 프런트 커버(Front-Cover) 도면과 측정 데이터(Data)의 비교

[그림1-2-5]는 프런트 커버(Front-Cover) 도면과 측정 데이터(Data)를 나타내었다. 공차가 기입된 치수들을 먼저 측정하고, 나머지 치수들을 측정하였다. 측정하기 위한 샘플은 5개를 준비하여 측정하였고, 공차가 없는 치수들을 마지막으로 측정하였다. 공차가 없는 치수들은 도면에 표기된 일반 공차를 적용한다. 도면에 따라 (±)0.1, (±)0.05 등 제품에 따라서 적용하는 일반 공차는 다르다. 여기서는 (±)0.3을 적용하였다. 결과는 OK 판정 되었다.

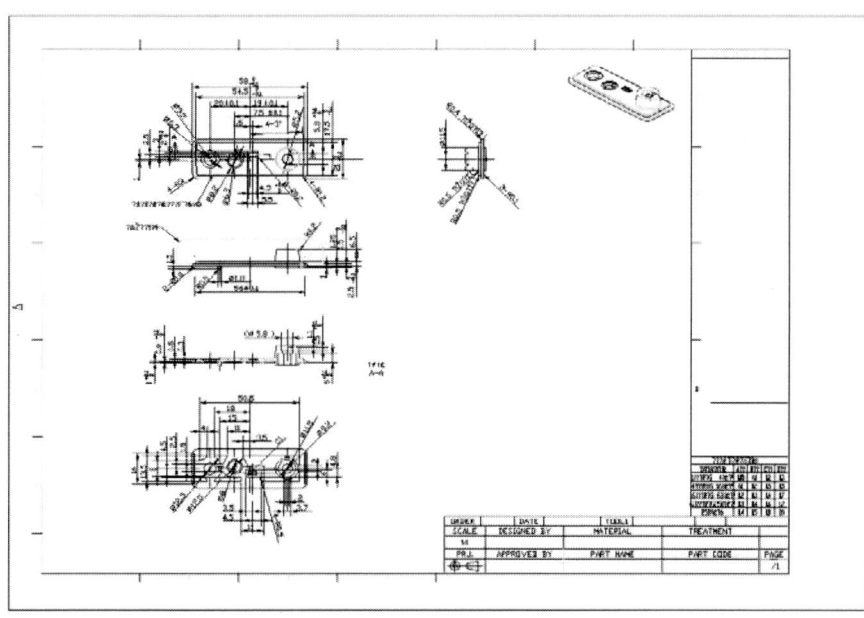

( ) 샘플 검사성적서

시제품 측정

24	1.500	0.300	-0.300	1.480	1.480	1.470	1.470	1.460					OK	-0.030	-0.040	비접측3차원
25	3.500	0.300	-0.300	3.460	3.460	3.440	3.440	3.460					OK	-0.040	-0.060	비접측3차원
26	4.500	0.300	-0.300	4.480	4.480	4.480	4.470	4.470					OK	-0.020	-0.030	비접측3차원
27	1.000	0.300	-0.300	1.020	1.030	1.020	1.030	1.030					OK	0.030	0.020	비접측3차원
28	3.000	0.300	-0.300	2.950	2.950	2.930	2.930	2.930					OK	-0.050	-0.070	비접측3차원
29	4.000	0.300	-0.300	3.950	3.960	3.960	3.950	3.950					OK	-0.040	-0.050	비접측3차원
30	4.800	0.300	-0.300	4.850	4.850	4.850	4.840	4.850					OK	0.050	0.040	비접측3차원
31	0.500	0.300	-0.300	0.480	0.480	0.480	0.460	0.480					OK	-0.020	-0.040	비접측3차원
32	0.300	0.300	-0.300	0.260	0.260	0.240	0.240	0.260					OK	-0.040	-0.060	비접측3차원
33	2.500	0.300	-0.300	2.450	2.450	2.460	2.460	2.450					OK	-0.040	-0.050	비접측3차원
34	3.000	0.300	-0.300	2.960	2.960	2.950	2.950	2.950					OK	-0.040	-0.050	비접측3차원
35	1.500	0.300	-0.300	1.490	1.490	1.490	1.460	1.460					OK	-0.010	-0.040	비접측3차원
36	5.500	0.300	-0.300	5.460	5.460	5.460	5.460	5.460					OK	-0.040	-0.040	비접측3차원
37	1.250	0.300	-0.300	1.260	1.260	1.240	1.260	1.240					OK	0.010	-0.010	비접측3차원
38	6.500	0.300	-0.300	6.460	6.450	6.460	6.460	6.450					OK	-0.040	-0.050	비접측3차원

[그림1-2-5] 프런트 커버(Front-Cover) 제품도면과 측정 데이터(Data)

(4) 밧데리 리드(BATT-Lid) 도면과 측정 데이터(Data)의 비교

[그림1-2-6]은 밧데리 리드(BATT-Lid) 도면과 측정 데이터(Data)를 나타내었다. 공차가 기입된 치수들을 먼저 측정하고, 나머지 치수들을 측정하였다. 측정하기 위한 샘플은 최소 5개이상은 준비하여 측정하여야 한다. 공차가 없는 치수들을 마지막으로 측정하였고, 공차가 없는 치수들은 도면에 표기된 일반 공차를 적용한다. 일반공차 (±)0.3을 적용하였다. 결과는 OK 판정 되었다.

단원명 1 측정부의 결정하기

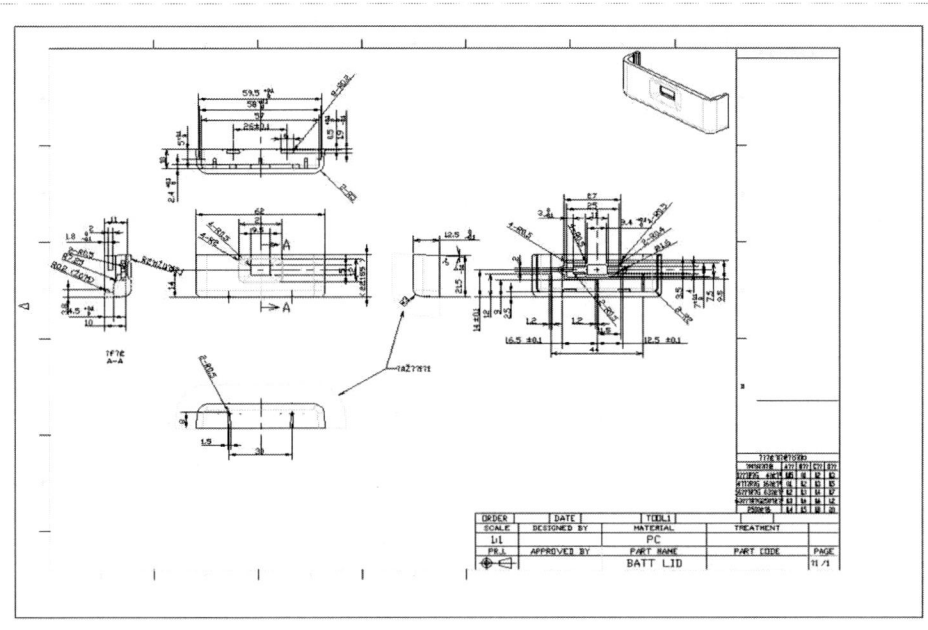

( ) 샘플 검사성적서

기종		SP830			시사출처				금형차수		2차		측정자					
품명		BARREL			금형제작처				검토차수		6차		작성원					
		도면규격						샘플번호					판정	오차		Spec 70%구간		사용 측정기
No.		규격	+	−	#1-1	#1-2	#1-3	#1-4	#1-5	#1-6	#1-7	#1-8	#1-9	#1-10	Target Ma	Target Mi		Max	Min		
41	φ	2.060	0.050	0.000					측정불가											
42	φ	2.700	0.050	-0.050																
43	φ	4.500	0.000	-0.005	4.498	4.498	4.498	4.498	4.498	4.498	4.498	4.498	4.497	4.499	OK	-0.001	-0.003	4.496	4.499	V-CMM
44	φ	5.000	0.000	-0.005	4.997	4.997	4.997	4.997	4.997	4.997	4.997	4.997	4.995	4.997	OK	-0.003	-0.005	4.996	4.999	V-CMM
45	φ	5.420	-0.005	-0.012	5.394	5.394	5.394	5.394	5.394	5.394	5.394	5.390	5.389	5.394	OK	-0.026	-0.031	5.389	5.394	V-CMM
46	φ	5.500	-0.003	-0.010	5.496	5.496	5.496	5.496	5.497	5.496	5.496	5.496	5.493	5.495	OK	-0.003	-0.007	5.491	5.496	V-CMM
47	φ	5.600	0.010	0.006	5.606	5.606	5.606	5.606	5.606	5.606	5.606	5.606	5.601	5.604	OK	0.006	0.001	5.602	5.609	V-CMM
48	φ	5.750	0.050	-0.050	5.750	5.750	5.751	5.750	5.751	5.750	5.750	5.750	5.750	5.750	OK	0.001	0.000	5.715	5.785	V-CMM
49	○	0.000	0.005	0.000	0.001	0.002	0.002	0.002	0.002	0.002	0.002	0.002	0.002	0.002	OK	0.002	0.001	0.001	0.004	V-CMM
	X																			
	Y																			
50	○	0.000	0.005	0.000	0.001	0.002	0.001	0.002	0.002	0.001	0.001	0.001	0.001	0.001	OK	0.002	0.001	0.001	0.004	V-CMM
51	⌭	0.000	0.003	0.000	0.000	0.000	0.000	0.000	0.000	0.000	0.000	0.000	0.000	0.000	OK	0.001	0.000	0.000	0.003	V-CMM
52	⊥	0.000	0.003	0.000	0.001	0.001	0.001	0.001	0.001	0.000	0.000	0.000	0.000	0.000	OK	0.001	0.000	0.000	0.003	V-CMM
53	○	0.000	0.005	0.000	0.004	0.004	0.004	0.005	0.004	0.005	0.004	0.004	0.004	0.004	OK	0.005	0.004	0.001	0.004	V-CMM
	X																			
	Y																			
54	○	0.000	0.005	0.000	0.004	0.002	0.002	0.003	0.003	0.003	0.003	0.005	0.002	0.003	OK	0.005	0.002	0.001	0.004	V-CMM
55	⌭	0.000	0.003	0.000	0.003	0.003	0.003	0.003	0.003	0.003	0.003	0.003	0.002	0.002	OK	0.003	0.002	0.000	0.003	V-CMM
	X																			
	Y																			
56	○	0.000	0.005	0.000	0.004	0.004	0.001	0.004	0.003	0.003	0.002	0.004	0.003	0.001	OK	0.004	0.001	0.001	0.004	V-CMM
57	⌭	0.000	0.003	0.000	0.000	0.000	0.000	0.001	0.001	0.001	0.001	0.001	0.000	0.000	OK	0.001	0.000	0.000	0.003	V-CMM
58	◇	0.000	0.010	0.000	0.005	0.005	0.010	0.004	0.007	0.005	0.007	0.006	0.008	0.010	OK	0.010	0.004	0.002	0.009	V-CMM

시제품 측정

24	30.000	0.300	-0.300	30.060	30.060	30.050	30.050	30.050					OK	0.060	0.050	비결측5차원
25	1.500	0.300	-0.300	1.550	1.550	1.550	1.560	1.550					OK	0.060	0.050	비결측5차원
26	8.000	0.300	-0.300	7.990	7.990	7.980	7.980	7.980					OK	-0.010	-0.020	비결측5차원
27	27.000	0.300	-0.300	27.030	27.030	27.050	27.050	27.050					OK	0.050	0.030	비결측5차원
28	25.000	0.300	-0.300	25.020	25.020	25.020	25.030	25.030					OK	0.030	0.020	비결측5차원
29	11.000	0.300	-0.300	11.030	11.030	11.030	11.020	11.020					OK	0.030	0.020	비결측5차원
30	2.000	0.300	-0.300	1.950	1.950	1.960	1.960	1.950					OK	-0.040	-0.050	비결측5차원
31	2.500	0.300	-0.300	2.450	2.450	2.460	2.460	2.450					OK	-0.040	-0.050	비결측5차원
32	9.000	0.300	-0.300	9.030	9.030	9.030	9.040	9.040					OK	0.040	0.030	비결측5차원
33	12.000	0.300	-0.300	12.050	12.050	12.060	12.060	12.060					OK	0.060	0.050	비결측5차원
34	44.000	0.300	-0.300	44.080	44.090	44.090	44.070						OK	0.090	0.070	비결측5차원
35	1.200	0.300	-0.300	1.490	1.490	1.490	1.490	1.490					OK	0.290	0.250	비결측5차원
36	1.500	0.300	-0.300	1.440	1.440	1.450	1.450	1.450					OK	-0.040	-0.050	비결측5차원
37	1.200	0.300	-0.300	1.260	1.250	1.240	1.250	1.240					OK	0.060	0.040	비결측5차원
38	3.500	0.300	-0.300	3.510	3.510	3.520	3.520	3.530					OK	0.030	0.010	비결측5차원
39	4.000	0.300	-0.300	4.080	4.080	4.090	4.090	4.080					OK	0.090	0.080	비결측5차원
40	7.500	0.300	-0.300	7.450	7.450	7.450	7.460	7.460					OK	-0.040	-0.050	비결측5차원
41	9.500	0.300	-0.300	9.450	9.450	9.460	9.460	9.450					OK	-0.020	-0.050	비결측5차원
42																
43																
44																
45																
46																
47																
48																
49																
50																

[그림1-2-6] 밧데리 리드(BATT-Lid) 제품도면과 측정 데이터(Data)

실기 내용

1. 중요치수 부분 결정하기

(1) 2D 공차가 있는 제품도면을 준비한다.

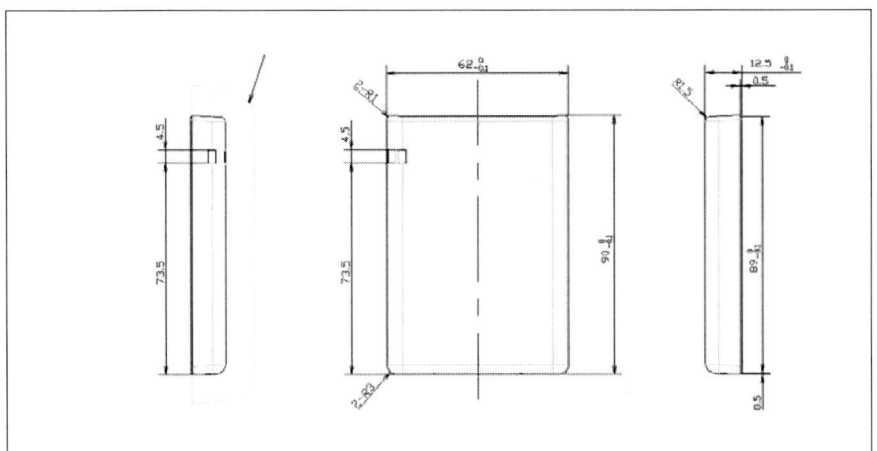

[그림1-2-7] 2D 제품 도면

① 그림과 같은 공차가 있는 제품 도면을 준비한다.
② 공차가 많이 없는 여러 가지 제품 도면을 준비한다.
③ 5인 1조로 구성한다.

(2) 제품도면에서 중요치수를 선택하게 한다.
① 공차를 적용하는 이용에 대해서 자료를 조사하도록 한다

(3) 버니어 캘리퍼스를 준비한다.
① 버니어 캘리퍼스의 사용법을 숙지하도록 한다.

[그림1-2-8] 검사 성적서

(4) 검사 성적서를 준비한다.
① 제품의 중요치수 및 일반 치수를 기입한다.
② 공차 표기 방법에 대해서 숙지한다.

(5) 검토한 도면으로 발표를 하도록 한다.
① 검토한 자료를 정리한다.
② 조별로 검토한 자료를 바탕으로 토의를 한다.

시제품 측정

장비 및 도구, 소요재료

구 분	명 칭	규격(사양)	1대당 활용인원
장 비	컴퓨터		1인
	프린터		10인
	2D, 3D 설계 프로그램		1인
공 구	계산기, 메모지, 펜		1인
	마이크로미터, 버어니어 캘리퍼스, 직각자 등 본 측정기류		1인
	정반		5인
소요재료	3D 모델링 제품		1인
	2D 제품도		1인

안전유의사항

1. 안전유의사항
   - 안전수칙 준수
   - 관련 매뉴얼에 대한 사전에 숙지하려는 노력

관련 자료

1. 관련 자료
   - 제품도
   - 검사 성적서 및 금형도면
   - 외관검사용 한도견본
   - 측정기 매뉴얼
   - 시제품 시료
   - 관련규격자료(KS 규격자료 등)

단원명 1 측정부의 결정하기

단원명 1 교수방법 및 학습활동

교수 방법

- 제품도에 대한 공차 및 표기법에 대해서 파워포인트(PPT) 등의 도구를 사용해 설명한다.
- 게이트나 금형구조에 대한 플라스틱 제품을 준비하여 학습자에게 보교재로 활용하여 설명한다.
- 제품도면의 공차 및 일반치수에 그룹별로 토의하도록 한다.
- 일반 치수와 중요치수를 설명하여 구별이 가능하도록 한다.
- 일반치수에 대해 이해할 수 있도록 한다.
- 중요치수에 대해 이해할 수 있도록 한다.
- 공차에 대해 이해할 수 있도록 한다.
- 측정기 사용법을 익힌다.

학습 활동

- 그룹을 만들고, 제품도에 대한 분석 및 토의를 한다.
- 제품도 분석 및 토의에 대한 부분을 발표한다.
- 중요치수를 찾고, 정리한다.
- 일반 치수를 찾고, 정리한다.
- 검사 성적서를 작성한다.
- 측정기 사용하여 중요치수와 일반치수를 측정한다.

시제품 측정

단원명 1 | 평가

평가 시점

- 일반치수와 중요치수에 대해서 교육중 각 그룹별로 발표하여 평가한다.
- 공차에 대해서 교육중 각 그룹별로 발표하여 평가한다.
- 일반치수, 중요치수, 공차에 대해서 중간고사나 기말고사는 객관식 문제, 단답형 및 주관식으로 평가한다.

평가 준거

평가영역	평가항목	성취수준				
		잘모른다	미흡하다	보통이다	알고있다	잘알고있다
측정부위 결정하기	중요치수 부분을 파악하여 제품별 특성을 고려하여 측정할 수 있는가?					
	공차를 파악하여 시제품 측정시 치수를 고려하여 합부를 판단할 수 있는가?					

평가 방법

평가영역	평가항목	평가방법
측정부위 결정하기	중요치수 부분을 파악하여 제품별 특성을 고려하여 측정할 수 있는가?	문제해결 시나리오, 구두발표
	공차를 파악하여 시제품 측정시 치수를 고려하여 합부를 판단할 수 있는가?	

단원명 1 측정부위 결정하기

평가 문제

1. 제품도면에 치수가 6.2 mm 이고, 공차가 -0.1 mm로 표기가 있을 때, 제품도면의 치수 얼마인가?
2. 일반공차와 정밀공차에 대해서 논하시오?

피드백

1. 문제해결 시나리오
   - 문제 해결 진행 과정중 필요시마다 피드백을 제공하여 문제 해결을 용이하게 한다.

2. 사례연구
   - 제품도를 준비하여 일반치수와 중요치수를 구별하는 방법을 서로 공유할 수 있도록 데이터화여 제시한다.
   - 공차의 표기법과 공차의 의미에 대해서 서로 공유할 수 있도록 데이터화여 제시한다.
   - 조사하거나 연구한 내용을 평가한 후에 수정 사항과 주요 사항을 표시하여 다음 수업 시작 시간에 확인 설명한다.

3. 구두발표
   - 발표 과정마다 오류 사항과 주요 사항을 점검, 조정한다.

시제품 측정

단원명 2	공구선정 및 측정 방법 결정하기(15230305_14v2.2)

2-1	중요치수 부분 결정하기

교육훈련 목 표	• 중요치수 부분을 파악하여 제품별 특성을 고려하여 측정할 수 있다.

필요 지식

1. 조립방법에 따른 제품도 검토

(1) 조립순서 확인

[그림2-1-1]은 표시된 조립 형상을 갖추기 위한 여러 개의 부품이 조립 될 경우에는 부품별 조립순서와 조립방향 등을 파악하여 조립해야 오 조립을 방지하고, 단품의 훼손을 예방하며, 조립 후 제품의 기능을 발휘 할 수 있다.

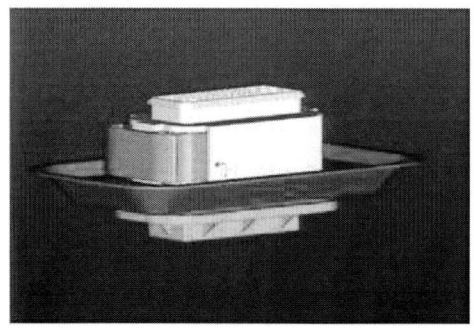

[그림2-1-1] 조립된 제품

(가) 부품의 조립방향 검증

조립방향이 바뀔 경우에는 부품이 훼손되어 제품 조립이 완료 된 후에도 제품의 기능을 발휘할 수 없거나 오작동의 우려가 있기 때문에 조립방향을 잘 확인해야 한다.

(나) 부품의 조립순서의 검증

부품의 조립 순서 또한 [그림2-1-2]와 같이 정리 할 수 있어야 한다. 조립순서가 바뀔 경우에는 부품이 누락이나 훼손이 염려되기 때문에 조립이 완료 된 후에도 제품의 기능을 발휘 할 수 없거나 오작동의 우려가 있기 때문이다.

단원명 2 공구선정 및 측정방법 결정하기

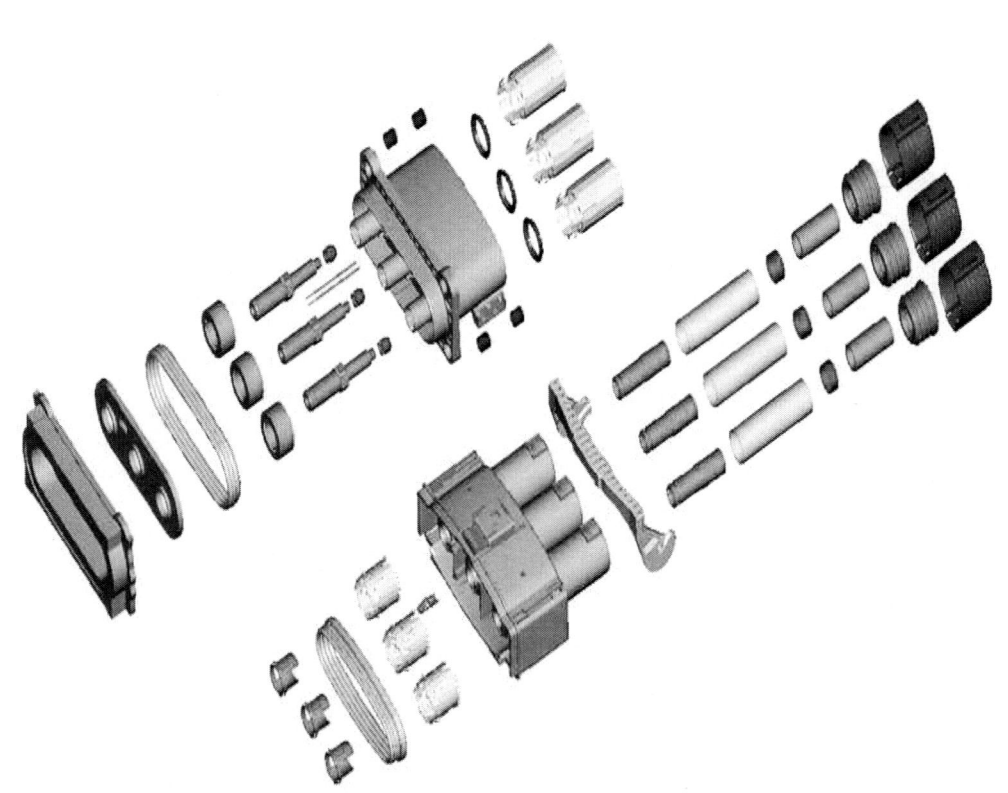

[그림2-1-2] 부품의 조립 방향 및 순서

(2) 조립 가이드 확인

부품 조립시 조립을 용이하게 하기 위하여 상대물에 [그림2-1-3]과 같이 제품설계 자가 사전에 반영해둔 부품간의 가이드를 찾아 조립해야 만 쉽게 조립할 수 있다.

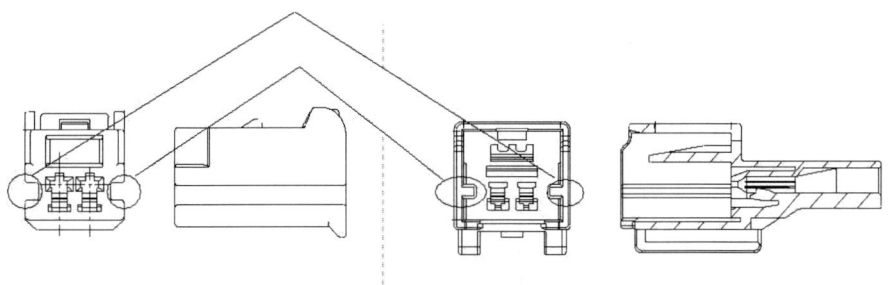

[그림2-1-3] 조립 가이드의 사례

33

시제품 측정

(3) 조립 간섭부 확인
 조립 중에 단품의 설계 및 제작미스로 인한 간섭의 발생과 부품의 조립방향 등이 바뀌어 조립과정 또는 조립 완료 후에 간섭이 발생하는 것을 정확하게 파악해야 한다.

① 부품의 설계미스에 의한 조립간섭이 발생하는 경우
② 부품 생산 후 변형에 의한 조립간섭이 발생하는 경우
③ 조립방향이 바뀌어 조립 간섭이 발생하는 경우 등이 있다.

(4) 오 조립 방지 방법의 확인
 단품 조립 순서를 정하여 조립순서가 잘못되었을 경우에는 조립이 되지 않도록 제품설계단계에서 사전에 반영해 놓은 오 조립 방지 내용을 숙지하여야 한다.

① 부품간의 정해진 조립 방향을 준수해야 한다.
② 부품간의 정해진 조립 순서를 준수해야 한다.
③ 부품간의 정해진 조립 가이드를 파악하여 부품의 오 조립을 예방해야 한다.

2. 조립 후 외관 검토 및 협의

(1) 유격 및 간섭 검토
 단품을 조립 한 후에 그림과 같이 설정해둔 치수의 이상 유무는 물론 유격 또는 간섭을 검토해야 한다.

(가) [그림2-1-4]에서 확인해보면 상하유격의 경우 0 ~ 0.15mm, 좌우유격의 경우 0 ~ 0.20mm, 전후유격의 경우 0.1 ~ 0.3mm를 관리 규격으로 설정하여 관리하는 것을 확인할 수 있다.

(나) [그림2-1-5]에서 확인해 보면 기본적으로 설정되어 진 유격은 존재하고 있으나 제품의 생산과정 또는 보관과정에서 설정된 유격치수 이상의 변형 또는 휨 등이 발생할 경우에는 제품 조립에 간섭이 발생하여 조립이 불가하게 되므로 이를 반영한 제품설계 및 검토가 이루어져야 한다.

단원명 2 공구선정 및 측정방법 결정하기

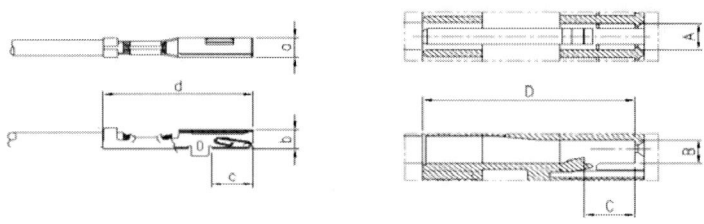

[그림2-1-4] 조립 제품의 유격 검토 사례(1)

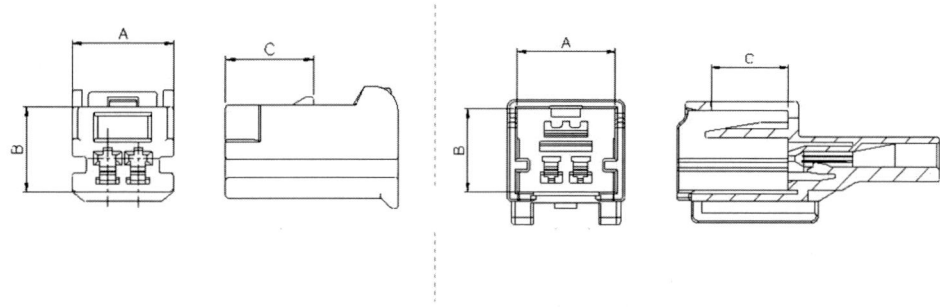

[그림2-1-5] 조립 제품의 유격 검토 사례(2)

(2) 단차 검토
근접부품이 조립된 상태에서 제품의 변형이나 부품치수의 이상 등으로 인하여 조립된 제품의 단차규격 이상 유무를 검토해야 한다.

(3) 지지강도 검토
조립방법에 따라 영구 고정방법인 경우에는 필요한 고정강도를 검토하고, 분해 조립을 위한 로킹 구조의 조립인 경우에는 분해 조립 시 발생되는 삽입력과 이탈력을 검토하여야 한다.

3. 분해 조립 용이성 검토

(1) 유격 및 간섭 검토

레버가 부착된 부품을 조립했을 경우에는 조립 시 삽입력과 이탈력 등이 규격내에 관리되어야 한다.

[그림2-1-6] 부품의 분해 조립 용이성 검증

4. 각종 조립 문제점 협의

(1) 조립 전에 발견된 단품의 개선대책 수립

생산된 단품상태에서의 문제점을 찾아내어 사전에 개선함으로서 조립에는 영향을 끼치지 않도록 한다.

(2) 조립방법에 대한 개선대책 수립

제품설계상에서 발견되지 못한 문제점이 조립과정에서 문제점이 노출되어 개선대책을 수립해야 한다.

(3) 조립 후 외관 개선대책 수립

생산된 단품상태에서는 노출되지 않았으나 조립후에 파악된 금형의 사상정도에 의한 외관 미려도 저하 또는 부품간의 조립단차 발생 등에 대한 대책을 수립해야 한다.

단원명 2 공구선정 및 측정방법 결정하기

2-2　측정기 선정하기

교육훈련 목　　표	• 제품도의 공차를 파악하여 측정기를 선정하고, 선정된 측정기를 사용할 수 있다.

필요 지식

1. 제품 형상에 따른 측정기 선택

측정 샘플을 확보 하였다면, 제품 형상에 따라 측정기를 선택해야 한다. 시험 사출 후, 간단히 성형품의 전장과 전폭을 확인할 수 있어야 하는데, 디지털 버니어 캘리퍼스로 측정 할 수 있다. 그러나 도면의 중요 치수들을 측정하기 위해서는 3차원 측정기나 투영기로 측정 할 수 있다.

(1) 제품도면에 의한 측정기 선택

[그림2-2-1]에서 전장과 전폭을 측정하기 위해서는 디지털 버니어 캘리퍼스로 측정이 가능하다. 그러나 중요 부위들을 측정하기 위해서는 3차원 측정기로 측정을 해야 한다.

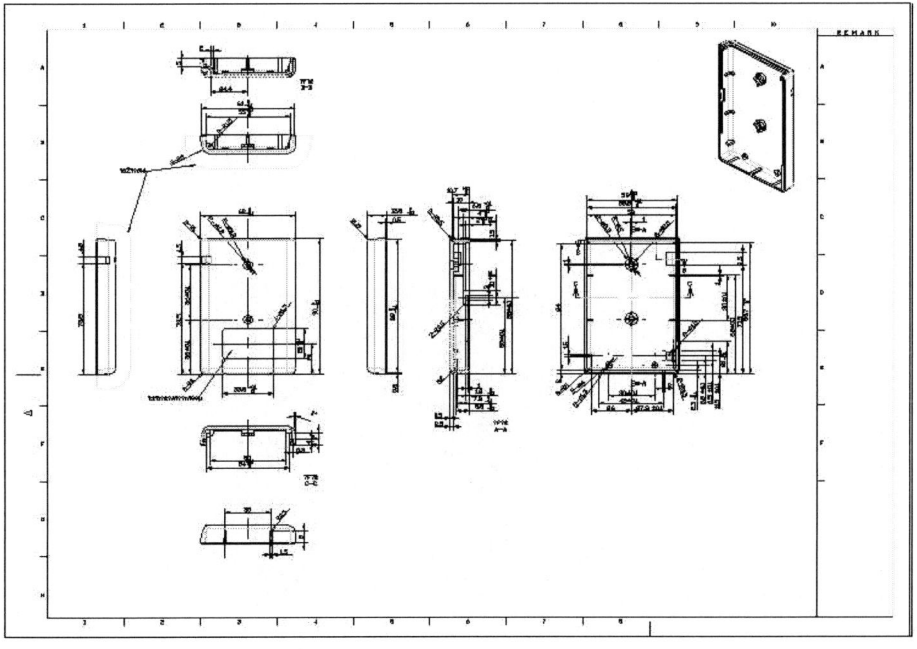

제품도-A

시제품 측정

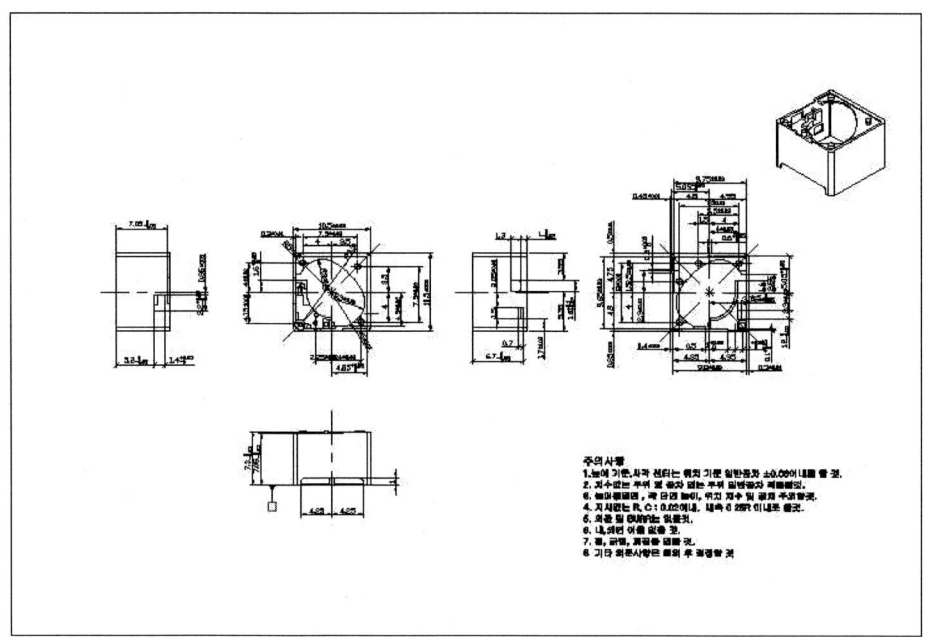

제품도-B

[그림2-2-1] 제품도

(2) 성형품 형상에 의한 측정기 선택

[그림2-2-2]에서 둘레와 높이, 내경의 측정은 디지털 버니어켈리퍼스로 측정이 가능하다. 그러나 좀 더 정밀하게 측정하기 위해서는 3차원 측정기로 측정을 하는 것이 좋다.

[그림2-2-2] 원 형상의 성형품

[그림2-2-3]은 성형품의 둘레의 형상이 타원이기 때문에 디지털 버니어 캘리퍼스를 비스듬히 귀울여 전장을 측정한다. 홀이나 높이도 측정이 가능하다. 그러나 정밀하게 측정하기 위해서는 3차원 측정기로 측정을 하는 것이 좋다. 이 성형품은 정밀을 요하는 제품이 아니기 때문에 디지털 버니어켈리 퍼스만으로 측정이 가능하다.

[그림2-2-3] 타원 형상의 성형품

제품도면이나 제품의 형상에 따라서, 어떠한 측정기가 필요한지를 파악하고, 이 제품이 정밀도를 요구하는 제품인지, 정밀도를 요구하지 않는 제품인지를 파악하여, 측정할 수 있는 측정기를 파악하고, 적절한 측정기를 선택한다.

2. 버니어 캘리퍼스

(1) 버니어 캘리퍼스의 정의

기본적으로 버니어 캘리퍼스는 2개의 눈금으로 표시된 쇠자로 되어 있다. 그 하나는 어미자로서, 프레임의 한 쪽 끝에 눈금이 표시되어 있으며, 다른 하나는 프레임을 따라 움직일 수 있는 아들자로서, 슬라이드에 눈금이 표시되어 있다. 이와 같이 버니어 캘리퍼스는 어미자와 아들자가 하나의 몸체로 조립되어 있으며, 측정물의 안지름, 바깥지름 및 깊이 등을 측정할 수 있는 편리한 기기이다. 보통, 버니어 캘리퍼스는 용도에 따라 M_1형, M_2형, CB형, CM형의 네 종류가 있으며, 호칭 치수는 미터식인 경우 대개 150mm, 200mm, 300mm, 600mm, 1000mm의 크기로 구분한다.

시제품 측정

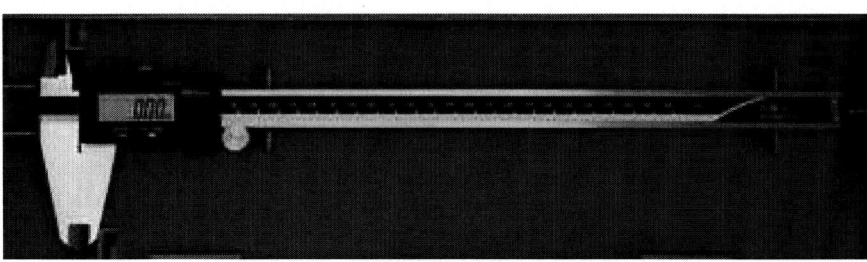

[그림2-2-4] 버니어 캘리퍼스

(2) 버니어 켈리퍼스의 사용방법

분해능이 0.05 mm인 측정기이다. [그림2-2-5]에서 먼저, 아들자의 0점 바로 앞의 어미자 눈금을 읽는다. 어미자의 눈금과 아들자의 눈금이 일치하는 곳을 찾아 그 값을 읽는다. 이 두 값을 더한다. 값은 81.55 mm 이다.

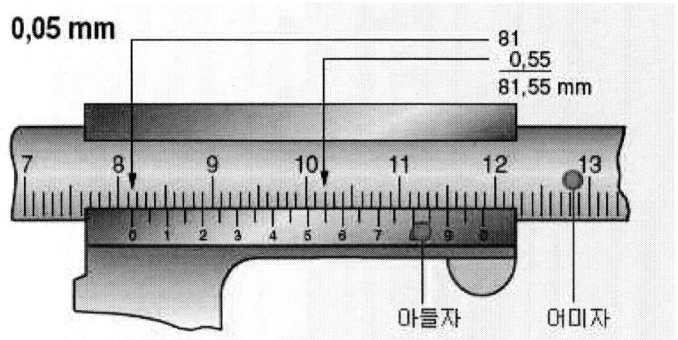

[그림2-2-5] 버니어 켈리퍼스 사용방법

(3) 버니어 캘리퍼스의 측정방법

버니어 켈리퍼스는 제품의 외경, 내경, 두께, 깊이, 높이를 측정 할 수 있다. [그림2-2-6]는 측정부위를 나타내었다.

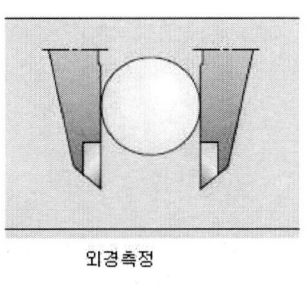
외경측정

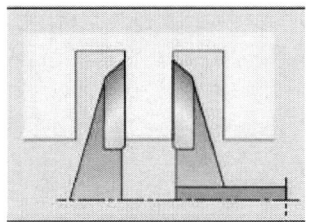
두께측정

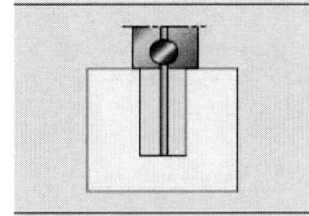
깊이측정

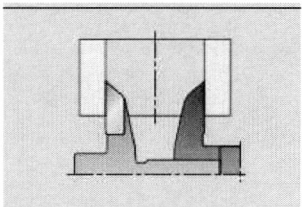
내경측정

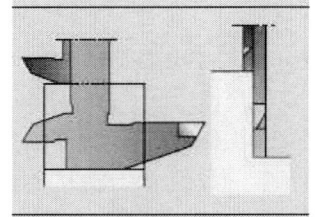
높이측정

[그림2-2-6] 버니어 켈리퍼스 측정방법

(4) 버니어 켈리퍼스의 검사

버니어 켈리퍼스는 1년에 수회, 사용빈도에 따라 정기검사가 필요하다.

① 일반적인 검사 사항
 - 눈금면의 외관상 바른가, 턱의 끝에 파손이 없는가를 먼저 관찰하여 판단 한다.
 - 슬라이더의 작동이 원활한가를 검사한다.

② 기차(器差)의 검사
 - 외측 측정기의 기차는 외측 측정면 사이에 게이지 블록을 끼워 측정하여 버니어 캘리퍼스의 측정치로부터 게이지 블록의 치수를 뺀다.
 - 내측 측정기의 기차는 내측 측정면에서 게이지 블록과 평행 조오를 홀더로 조합한 내측 게이지를 측정해서 버니어 캘리퍼스의 측정치로부터 게이지 블록의 치수를 뺀다.

③ 성능 검사
 - 외측 측정에 있어서는 외측 측정면 사이에 게이지 블록을 끼워 측정하며, 내측 측정에 대하여는 게이지 블록과 그 부속품을 이용하여 버니어 캘리퍼스의 내측 측면을 사이에

끼워 내측을 측정하여 오차를 검사할 수가 있다. 또는 [그림2-2-7]과 같이 캘리퍼 검사기를 이용하여 버니어 캘리퍼스, 다이얼 캘리퍼스 및 하이트 게이지를 교정할 수 있다.

[그림2-2-7] 버니어 캘리퍼스 검사기

3. 마이크로미터

(1) 마이크로미터의 정의

마이크로미터는 정확한 피치의 나사를 이용하여 실제 길이를 측정하는 기기로서, 수나사와 암나사의 끼워맞춤을 이용하여 측정물의 외측 및 내측 길이와 깊이를 측정하는 기기이다. 마이크로미터는 길이 측정용으로 널리 사용되고, 같은 목적의 버니어 캘리퍼스 보다 정밀도가 높아, 미터용은 1/100mm와 1/1000mm 단위까지를 측정할 수 있고, 인치용은 1/1000 in와 1/10000 in까지 측정할 수 있는 것이 있다. 마이크로미터의 종류에는 그 사용 목적에 따라 외측 마이크로미터, 내측 마이크로미터 및 깊이 마이크로미터가 있다. 각 마이크로미터의 모양은 그 측정면의 형상에 따라 구별된다.

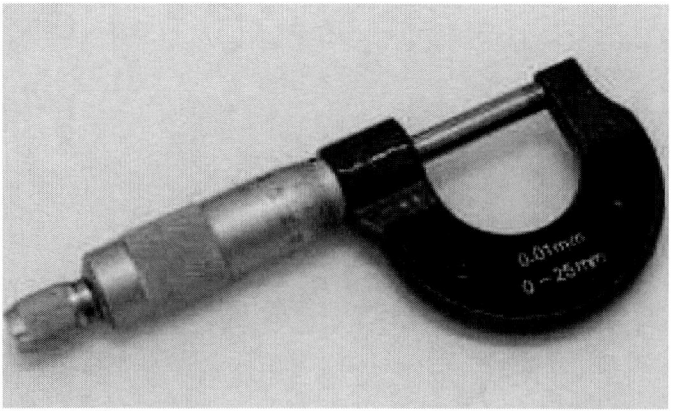

[그림2-2-8] 마이크로미터

(2) 마이크로미터의 사용방법

표준형 마이크로미터의 읽는 방법은 먼저 딤블이 위치한 슬리브의 읽는 값과 슬리브의 기선과 딤블이 위치한 딤블의 읽음 값을 더해서 읽는다. 나사의 피치 0.5 mm 딤블의 원주 눈금이 50등분이 되어 있어, 최소 측정값은 0.01 mm 까지 읽을 수 있다. 슬리브의 눈금이 12와 13 사이에 있으며, 딤블의 40 눈금이 슬리브와 일치하므로 12.40 mm 로 읽는다.

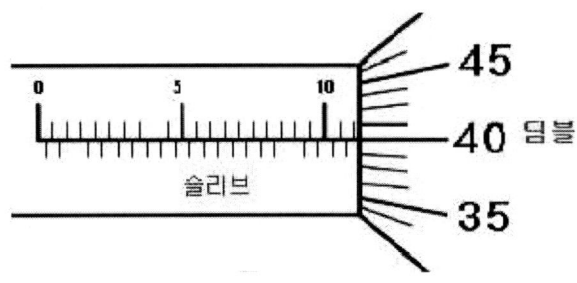

[그림2-2-9] 마이크로미터 사용방법

(3) 마이크로미터의 종류

① 내측 마이크로 미터

홈의 너비 또는 내경을 측정하는 측정기로서 단체형, 캘리퍼스형, 삼정식 내측 마이크로 미터로 구분된다. 단체형은 막대모양으로 50mm 이상, 캘리퍼스형 50mm 이하, 삼정식으로 2~10mm 이내의 측정에 사용된다.

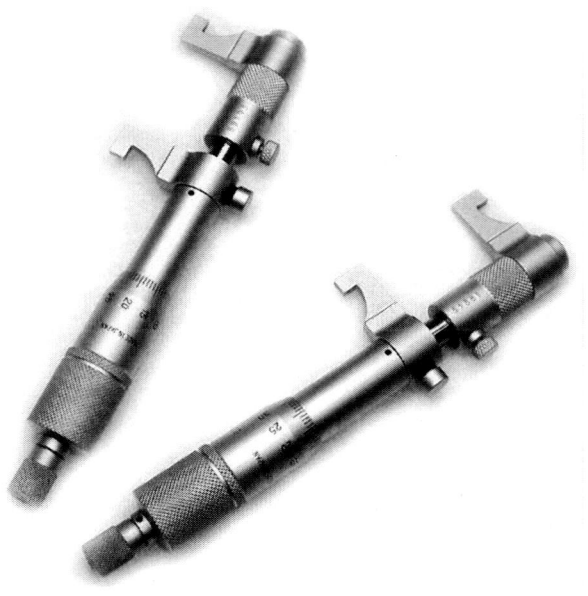

[그림2-2-10] 내측 마이크로미터

시제품 측정

② 깊이 마이크로 미터
　깊이 게이지와 같이 깊이 측정에 사용되는 측정기로 깊이 바아의 형식에 따라 단체형과 로드 교환형으로 구분된다. 로드 교환형은 공작물의 측정 깊이에 적정한 로드를 교환하여 측정범위를 크게 할 수 있다.

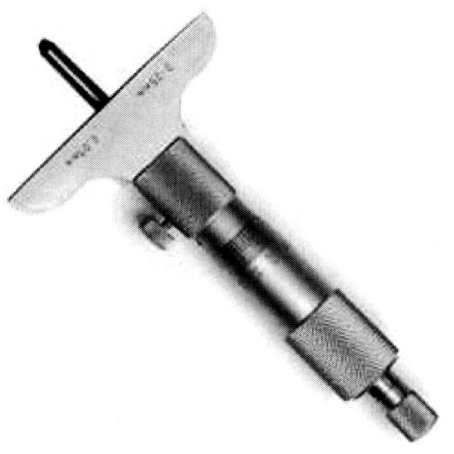

[그림2-2-11] 깊이 마이크로미터

③ 글루브 마이크로 미터
　[그림2-2-12]와 같이 보이지 않는 내측 홈 또는 홈 간격측정에 편리하다.

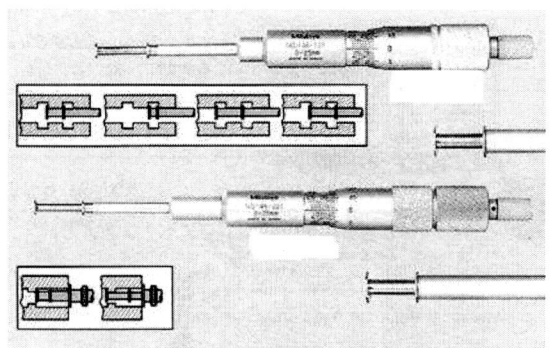

[그림2-2-12] 글루브 마이크로미터

(4) 마이크로미터의 검사
　마이크로 미터는 보통 3개월에 한 번 또는 4개월에 한번 사내의 정기검사를 실시해야 한다.
① 일반적인 검사 사항
　- 각 부분의 도장이나 도금이 벗겨지지 않아야 한다.
　- 각인, 눈금 등에 결점이 없어야 한다.

- 딤블과 슬리브의 틈새는 균일하게 회전하기 위해서는 딤블의 흔들림이 눈에 띄지 않아야 한다.
- 나사부분의 끼워 맞춤은 전 행정에 걸쳐서 미끄러워야 하며, 헐거워서는 안 된다.
- 슬리브의 눈금에 대해서 딤블의 단면은 정상의 읽음에 차이가 없어야 한다.
- 래칫 스톱 또는 프릭션 스톱의 회전은 원활해야 한다.
- 클램프는 확실하고, 또 사용상 오차의 원인이 되어서는 안 된다.

② 검사방법의 주순서(主順序)
 - 끼워맞춤 검사
 - 평면도, 평행도 검사
 - 래칫의 회전검사
 - 클램프의 정지검사
 - 스핀들 물림 부분, 나사부분의 검사
 - 슬리브, 딤블의 눈금검사
 - 슬리브와 딤블 사이의 간격 검사
 - 영점(0점) 일치여부 검사
 - 피치 검사
 - 그 밖의 홈, 외관검사

4. 다이얼 게이지

다이얼 게이지(Dial Gage)는 랙(Rack)과 피니언(Pinion)을 이용하여 미소 길이를 확대 표시하는 기구로 되어 있는 측정기이며, 회전축의 흔들림 점검, 공작물의 평행도 및 평면상태의 측정 등에 사용된다. 랙(Rack)이 1mm 움직일 때 니들(Needle)이 1회전 하도록 기어(Gear)열을 구성하고 눈금판을 100 등분하면 눈금판상의 1 눈금에 해당하는 스핀들(Spindle)의 움직인 거리는 1/100mm가 되는 것이다. 다이얼 게이지(Dial gauge)의 정밀도에는 1/100mm, 1/1000mm, 1/1000in, 1/10000in 등이 있다. [그림2-2-13]과 같은 스핀들(Spindle) 식 다이얼(Dial gage)에서는 스핀들(Spindle)이 측정면에 대하여 항상 직각이어야 하므로 좁은 곳, 또는 구멍의 내부 등을 측정할 필요가 있을 때에는 곤란하기 때문에 지렛대식 다이얼 게이지(Dial Gage)를 사용하면 편리하며, 최소 눈금은 0.01mm 이고 측정압과 지시범위는 각각 30g, 0.5mm 정도이나 최근에는 2μm의 것이 제작되고 있다.

시제품 측정

[그림2-2-13] 다이얼 게이지

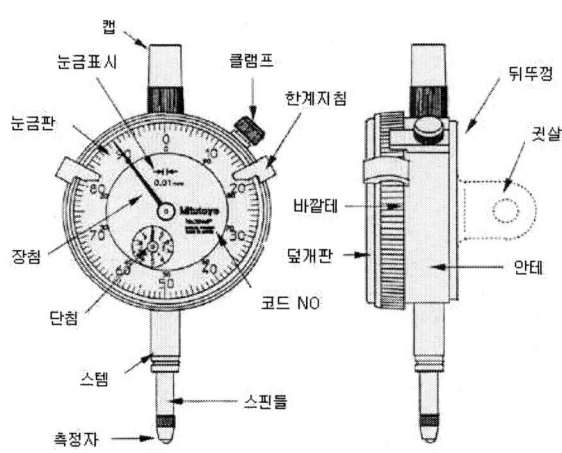

[그림2-2-14] 스핀들식 다이얼 게이지의 구조

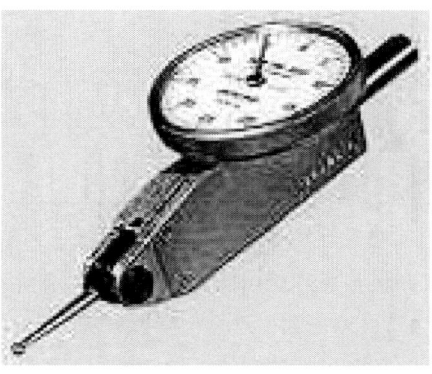

[그림2-2-15] 지렛대식 다이얼 게이지

5. 공구 현미경

공구현미경은 길이 및 각도측정, 윤곽의 검사 등에 편리하도록 된 현미경의 일종이며, 특히 절삭공구의 측정에 많이 사용된다. [그림2-2-16]와 같이 부착된 마이크로미터(Micrometer)를 이용하여 측정물 지지대(Micrometer stage) 위에 놓인 측정물을 현미경을 보면서 측정 시작점에서 종점까지 이동하고 마이크로미터(Micrometer)의 눈금을 읽어 길이를 측정하며 각도, 진원도 및 반경은 형판접안(形板接眼) 렌즈(Lens)에 의하여 측정 및 검사한다. 지지대는 좌우로 25 ~ 150mm, 전후로 25 ~ 50mm의 이동범위를 갖고 있고, 정밀도는 0.01 ~ 0.001mm의 범위에 있다. 배율은 대물 렌즈(Lens)의 교환에 의하여 10, 15, 30, 50배 정도로 할 수 있다.

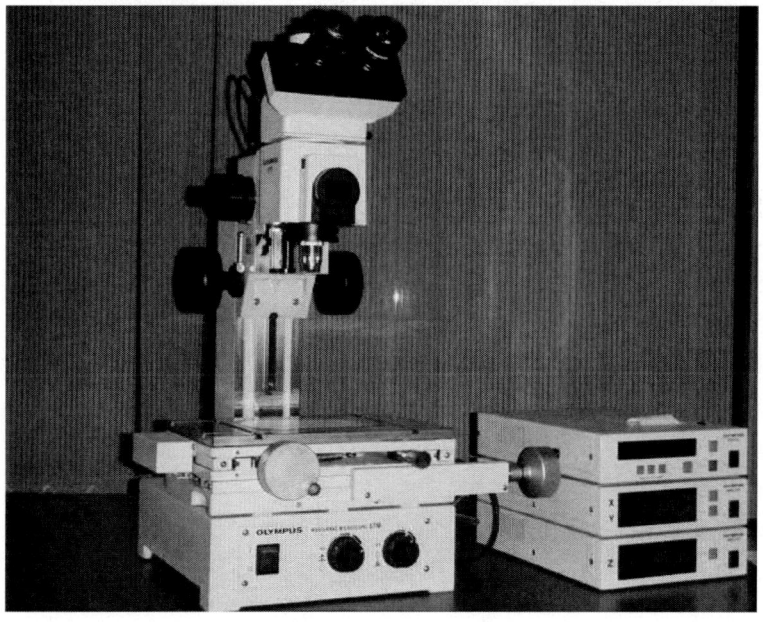

[그림2-2-16] 공구 현미경

시제품 측정

6. 3차원 측정기

　3차원측정기란? 프로브(Probe)가 물체의 표면 위치를 3차원적으로 이동하면서 각 측정 점의 공간좌표를 검출하여 그 데이터(Data)를 컴퓨터(Computer)에서 처리함으로써 3차원적인 크기나 위치, 방향 등을 알수 있게 하는 만능측정기로서 물체 표면에서 점들의 좌표를 알아내기 위하여 프로브(Probe)를 움직이는 일종의 NC 기계(Machine) 이다. 3차원측정기를 이용하면 복잡한 형상의 물체도 쉽게 측정할 수 있으며, 소프트웨어(Software)를 이용하여 응용 범위를 확대할 수 있고, 다른 시스템(System)과도 데이터(Data) 통신이 용이 하다. 측정된 수많은 점들로 물체의 크기와 위치를 알 수 있을 뿐 아니라, 데이터(Data)를 CAD 소프트웨어(Software)로 보내 측정 부위에 대한 3차원 형상(Image)을 만들 수 있다. 레이져 스캐너(Laser Scanner)를 이용하여 역공학(Reverse Engineering)에도 이용될 수 있다. 3차원 측정기는 수동, CNC 및 PC로 제어할 수 있다.

[그림2-2-17] 3차원 측정기

7. 제품 형상에 따른 측정지그 선택

　제품의 형상은 원모양에서 곡면형상, 판 형상 등 다양하다. 이러한 형상들을 측정하기 위해서는 이들을 측정하기에 알맞은 지그를 사용해야 한다. 블록 게이지나 브이 블록, 핀 게이지 등을 사용하거나, 형상에 맞는 지그들을 만들어 측정하게에 편리 하도록 한다. 게이지로는 블록 게이지나 핀 게이지가 많이 사용되나, 측정 게이지에 사용하는 것들은 무엇이 있으며, 사용하는 방법에 대해서 알아보고, 제품의 형상을 측정하기 위한 지그에는 무엇이 있는지 알아보자.

(1) 게이지(Gauge)

게이지(Gauge)란? 정해진 크기(길이, 각도)를 이용하여 제품의 크기를 측정 및 검사하는데 사용되는 것으로서, 제품이 정해진 크기 내에 있는가를 검사하는 한계(限界) 게이지(Gauge)와 측정범위를 변화시키면서 제품의 기본치수로부터 이탈 정도를 측정하는 인디게이트 게이지(Indicating Gage)등이 있다. 또한 게이지(Gauge)는 표준으로 사용되는 표준(標準) 게이지(gauge)와 기계를 제작할 때 설계자가 미리 정한 허용오차 내의 것을 합격으로 하는데 사용되는 한계(限界) 게이지(Gauge)가 있다.

(가) 표준 게이지

표준 블록 게이지(Block gauge)는 직육면체의 합금강 블록(Block)을 열처리하고, 내부응력을 제거하여 연삭 및 래핑(lapping)한 것이며, HRC = 65 이상이고 지정된 치수로 되어 있다.

[그림2-2-18] 표준 블록 게이지

① 블록 게이지의 특징
- 광 파장으로 부터 직접 길이를 측정할 수 있다.
- 표시하는 길이의 정도가 아주 높다.
- 손쉽게 사용할 수 있으며, 또한 측정면이 서로 밀착하는 특성을 가지고 있어서, 몇 개의 수로 많은 치수의 기준을 얻을 수 있다.

② 표준 세트

블록 게이지의 세트는 1개의 보관 상자에 보관하며, 그 블록 게이지는 모두 같은 등급의 것이어야 한다. 세트의 종류는 그 사용 목적에 따라 여러 가지의 것이 있지만, 그 대표적인 종류를 〈표2-2-1〉에 표시한다.

시제품 측정

<표2-2-1> 주요 세트의 종류

치수단계(mm)	0.001		0.01		0.1	0.5		1		-	-	25									-	100		총개수
치수범위(mm)	0.991~0.999	1.001~1.009	1.01~1.09	1.01~1.49	1.1~1.9	0.5~9.5	0.5~24.5	1~9	1~24	1.0005	1.005	10	20	25	30	40	50	60	75	100	125~200	250	300~500	
S112(6)		9		49			49		1		1					1				1	1		1	112
S103				49			49		1		1					1				1	1		1	103
S76				49	19				1	1	1	1			1	1		1		1	1		1	76
S47		9		9				24	1		1					1				1	1			47
S32		9		9				9			1	1	1		1		1(7)							32
S18	9	9																						18
S9(+)		9																						9
S9(-)	9																							9
S8																					4	1	3	8

주 (6) S112의 1.0005를 빼고 S111(111 개조)로 하여도 좋다.
(7) 60 mm 대신에 50 mm로 하여도 좋다.
비 고 : 상기의 세트(조합)에 보호 블록 게이지(2개)를 추가한 것의 기호는 그 세트(조합)기호의 끝에 P를 붙인다.

③ 블록 게이지의 선택방법

블록 게이지를 선택할 때에는 사용목적 중 가장 높은 정도를 요하는 목적을 고려하여 등급을 결정해야 한다. <표2-2-2>에 블록 게이지의 사용목적과 등급을 나타내었다.

<표2-2-2> 블록 게이지의 사용목적과 등급

등급		사용목적
참조용	00	표준용 블록 게이지의 정도검사
표준용	0	정밀학술 연구용
		검사용, 공작용 블록 게이지 블록의 정도 점검, 측정기류의 정도검사
검사용	1	기계부품 및 공구 등의 검사
공작용	2	게이지의 제작
		측정기류의 정도 조정
		공구, 절삭공구의 장치

(나) 표준 봉 게이지

[그림2-2-19]와 같은 형상의 것으로 양단의 길이가 75, 100, 125, 150… 등과 같은 규정치수로 되어 있으며, 양단이 평면인 것과 구면(球面)인 것이 있다. 주로 평행면, 원통지름 및 정

밀측정공구의 검사, 캘리퍼스(calipers)의 조절 등에 사용된다.

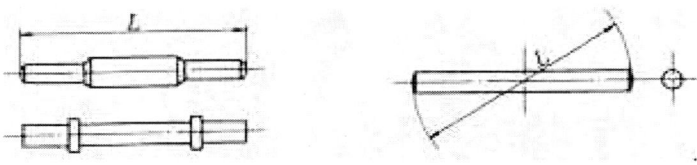

[그림2-2-19] 표준 봉 게이지

(다) 원통 게이지

[그림2-2-20]과 같이 플러그 게이지(Plug gauge)와 링(Ring gauge)게이지가 한 셋트로 되어 있으며, 담금질하여 호칭치수로 다듬는다. 플러그 게이지(Plug gauge)는 구멍가공을 할 때 공경(孔徑)을 검사하거나 마이크로미터(Micrometer)의 검사에 사용되고, 링(Ring Gauge)게이지는 축의 바깥지름을 검사하거나 캘리퍼스(Calipers)로 치수를 옮길 때 사용된다.

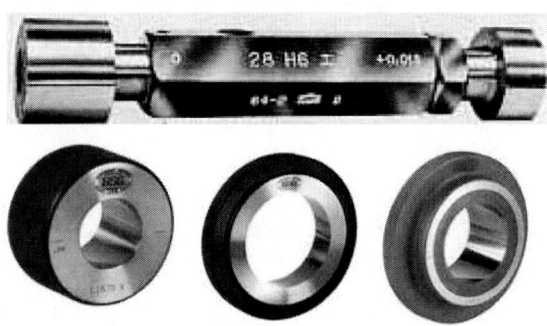

[그림2-2-20] 플러그 게이지(위)와 링 게이지(아래)

(라) 테이퍼 게이지

테이퍼 게이지(Taper Gauge)는 각도를 측정할 때 사용되나 표준 게이지(Gauge)의 일종이다. 표준 플러그 게이지(Plug Gage), 표준 링 게이지(Ring Gauge)처럼 플러그 테이퍼(Plug Taper Gage)와 링 테이퍼 게이지(Ring Taper Gauge)가 한 셋트를 이루며, 공작물의 테이퍼 측정에 사용된다. 테이퍼에는 모르스 테이퍼(Morse Taper)와 브라운, 셔어 테이퍼(Brown & Sharpe taper)가 있다. 모르스 테이퍼(Morse Taper)는 드릴 머신(Drilling Machine)과 선반에 주로 사용되고, 브라운, 셔어 테이퍼(Brown & Sharpe taper)는 밀링 머신(Milling machine)과 연삭 머신(Grinding machine)에 주로 사용된다.

시제품 측정

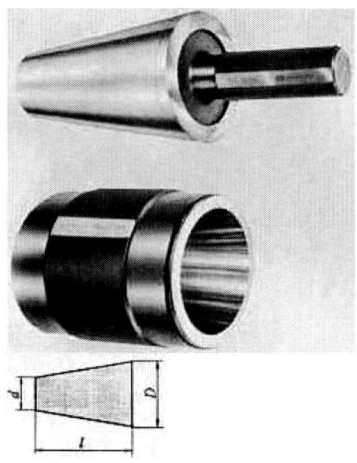

[그림2-2-21] 테이퍼 게이지

(마) 나사 게이지

그림과 같은 형상으로 각종 치수의 나사 가공 시에 사용된다. 특히 다이(Die)와 탭(Tap) 등의 정밀한 나사를 제작할 때 필요하다.

[그림2-2-22] 나사 게이지

8. V 블록

V 블록은 직육면체 또는 정육면체의 블럭의 중심에 90도의 v형 홈을 가진 블록이다. 각 부분은 직각으로 정밀하게 가공되어 있고, 정반에 올려두고 측정용으로 사용한다. 정반에 대하여 직각인 부분은 판재 등의 측정을 위해 사용되고 v형 홈은 둥글거나 유사한 형상을 움직이지 않고, 측정할 수 있도록 하는 용도로 널리 사용된다.

[그림2-2-23] V 블록

(1) 블록 게이지를 이용한 측정 방법

 3차원 측정기로 측정을 하기 위해서는 성형품을 움직이지 않도록 고정해야 한다. 다음은 성형품을 측정하기 위한 방법들을 그림과 함께 간단한 설명을 나타내었다. [그림2-2-24]는 블록 게이지를 이용하여 성형품을 측정하기 위한 방법을 나타내었다. 타원의 형상이기 때문에 측면을 측정하기 위해서, 고정을 해야 하는데 게이지 블록이 없이, 고정을 할 수가 없다. 그림처럼, 성형품을 세우고 양끝을 게이지 블록으로 고정시켜, 성형품을 측정하게 된다.

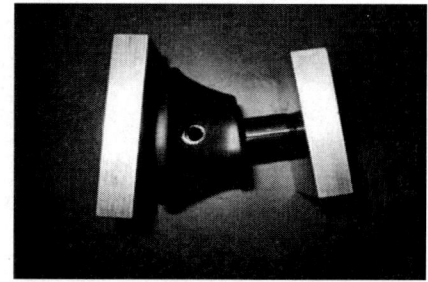

[그림2-2-24] 블록 게이지를 이용한 측정 방법-1

 [그림2-2-25]는 원형상의 성형품이다. 성형품의 높이나 돌기 형상 등을 측정하기 위해서는 그림과 같이 블록을 이용하여, 양쪽의 측면을 고정한다. 정확하게 수직이 될 수 있도록 성형품을 고정하고, 고정이 되면 필요한 부분을 측정하게 된다.

[그림2-2-25] 블록 게이지를 이용한 측정 방법-2

> 시제품 측정

[그림2-2-26]는 사각형상의 성형품이다. 사각, 원 모양의 홀을 측정 할 때는 게이지 블록 없이, 측정도 할 수 있을 것이다. 그러나 후크 형상으로 인해 정확한 평면인지를 확인하기 어려움으로 기준면이 되는 부분에 게이지 블록을 놓고 측정을 한다. 측면을 측정하기 위해서는 앞의 측정 방법과 동일하게 블록 2개를 놓고, 성형품을 세워 측정하게 된다.

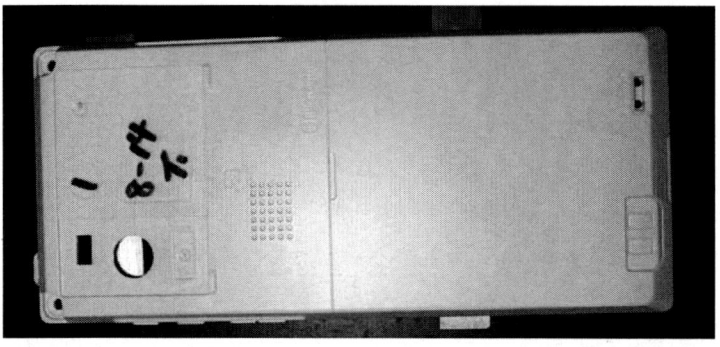

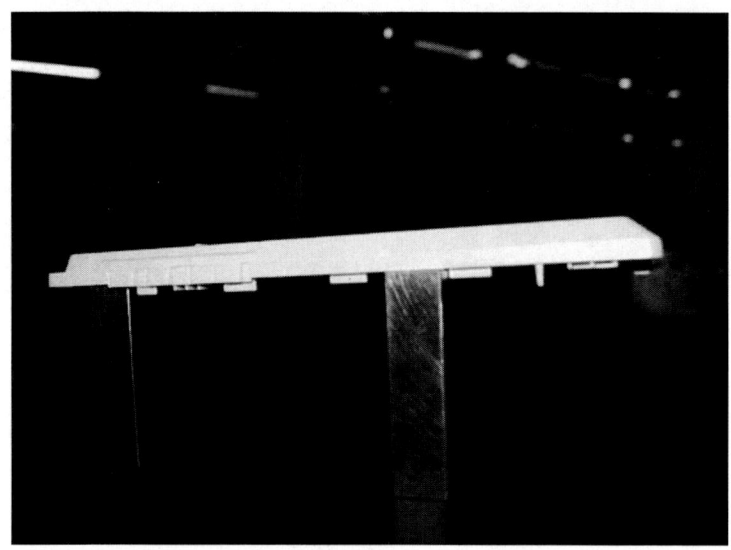

[그림2-2-26] 블록 게이지를 이용한 측정 방법-3

(2) V 블록과 블록 게이지를 이용한 측정 방법

이 방법 또한 3차원 측정기로 측정을 하기 위한 방법이다. 둥근 형상의 성형품을 고정시키지 않고, 측정하기는 어렵다. 측정 장비의 이동으로 쓰러지지 않도록 고정해야 한다. [그림2-2-27]은 측정하기 위한 성형품과 고정 방법을 나타낸 그림이다. V블록으로 움직이지 않게 원 형상을 고정하고, 게이지 블록으로 쓰러지지 않게 고정한다. 성형품의 형상이 구배에 의해 경사져 있으므로 게이지 블록을 쓰러지지 않게만, 살짝 고정 시킨다. 힘을 너무 많이 주게 되면, 정확한 수직면이 되지 않아 측정하기가 어렵다.

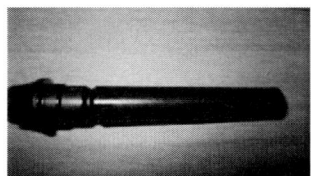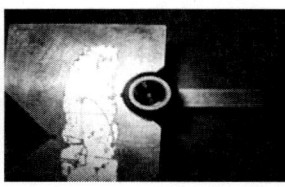

[그림2-2-27] V 블록과 블록 게이지를 이용한 측정 방법

실기 내용

1. 측정기 선정하기

(1) 다양한 측정기를 준비한다.

[그림2-2-28] 측정기

① 버니어 캘리퍼스, 마이크로 미터 등 준비
② 1인으로 평가한다.

(2) 간단한 제품을 준비한다.
① 버니어 캘리퍼스나 마이크로 미터로 측정할 수 있는 제품을 준비한다.

(3) 제품을 측정한다.
① 측정기를 사용하여 제품을 측정한다.
② 1~5부위를 측정하도록 한다.

(4) 측정한 데이터를 기록한다.
① 치수가 50.0 mm, 공차가 +0.1 mm 인 경우, 50.1 mm 으로 표기한다.

시제품 측정

장비 및 도구, 소요재료

구 분	명 칭	규격(사양)	1대당 활용인원
장 비	컴퓨터		1인
	프린터		10인
	2D, 3D 설계 프로그램		
도 구	계산기, 메모지, 펜		1인
	마이크로미터, 버어니어 캘리퍼스, 직각자 등 본 측정기류		1인
	정반		5인
소요재료	3D 모델링 제품		1인
	2D 제품도		1인

안전유의사항

1. 안전유의사항
 - 안전수칙 준수
 - 관련 매뉴얼에 대한 사전에 숙지하려는 노력

관련 자료

1. 관련 자료
 - 제품도
 - 검사 성적서 및 금형도면
 - 외관검사용 한도견본
 - 측정기 매뉴얼
 - 시제품 시료
 - 관련규격자료(KS 규격자료 등)

단원명 2 공구선정 및 측정방법 결정하기

단원명 2 교수방법 및 학습활동

교수 방법

- 측정기의 종류에 대해서 파워포인트(PPT) 등의 도구를 사용해 설명한다.
- 측정기류를 준비하여 학습자에게 보교재로 활용하여 설명한다.
- 측정기 사용법을 설명한다.
- 측정기의 종류와 사용법에 대해서 그룹별로 토의하도록 한다.
- 일반 치수와 중요치수를 설명하여 구별이 가능하도록 한다.
- 일반치수에 대해 이해할 수 있도록 한다.
- 중요치수에 대해 이해할 수 있도록 한다.

학습 활동

- 측정기를 사용하여 제품을 측정하는 방법에 대해서 학습한다.
- 측정기 사용법을 학습한다.
- 측정기의 종류를 학습한다.
- 일반 치수를 찾고, 정리한다.
- 검사 성적서를 작성한다.
- 측정기 사용하여 중요치수와 일반치수를 측정한다.
- 중요치수를 찾고, 정리한다.

시제품 측정

단원명 2 | 평가

평가 시점

- 일반치수와 중요치수에 대해서 교육중 각 그룹별로 발표하여 평가한다.
- 측정기의 종류와 사용법에 대해서 교육중 각 그룹별로 발표하여 평가한다.
- 측정기류와 사용법에 대해서 중간고사나 기말고사는 객관식 문제, 단답형 및 주관식으로 평가한다.

평가 준거

평가영역	평가항목	성취수준				
		잘모른다	미흡하다	보통이다	알고있다	잘알고있다
공구선정 및 측정방법 결정하기	중요치수 부분을 파악하여 제품별 특성을 고려하여 측정할 수 있는가?					
	제품도의 공차를 파악하여 측정기를 선정하고, 선정된 측정기를 사용할 수 있는가?					

평가 방법

평가영역	평가항목	평가방법
공구선정 및 측정방법 결정하기	중요치수 부분을 파악하여 제품별 특성을 고려하여 측정할 수 있는가?	문제해결 시나리오, 구두발표
	제품도의 공차를 파악하여 측정기를 선정하고, 선정된 측정기를 사용할 수 있는가?	

단원명 2 공구선정 및 측정방법 결정하기

평가 문제

1. 제품을 검토를 할 때, 조립방법에 따른 제품도 검토가 필요하다. 검토 방법에 대해서 논하시오?

2. 제품을 측정하기 위해 여러 가지 측정기를 사용한다. 버니어 캘리퍼스의 사용 방법을 설명하시오?

피드백

1. 문제해결 시나리오
   - 문제 해결 진행 과정중 필요시마다 피드백을 제공하여 문제 해결을 용이하게 한다.

2. 사례연구
   - 제품도를 준비하여 일반치수와 중요치수를 구별하는 방법을 서로 공유할 수 있도록 데이터화여 제시한다.
   - 공차의 표기법과 공차의 의미에 대해서 서로 공유할 수 있도록 데이터화여 제시한다.
   - 측정기의 종류와 사용법에 대해서 서로 공유할 수 있도록 데이터화여 제시한다.
   - 조사하거나 연구한 내용을 평가한 후에 수정 사항과 주요 사항을 표시하여 다음 수업 시작 시간에 확인 설명한다.

3. 구두발표
   - 발표 과정마다 오류 사항과 주요 사항을 점검, 조정한다.

시제품 측정

단원명 3   측정을 작성하기(15230305_14v2.3)

3-1   측정기 셋팅하기

| 교육훈련 목표 | • 측정 전 영점 조정 여부를 파악하여 오차 범위를 고려하여 측정기 셋팅을 할 수 있다. |

필요 지식

1. 측정기의 주기 교정을 통한 유효성 검증

유효성검증이란? 사용하는 측정기의 성능은 사용기간, 사용빈도, 정밀정확도 수준, 사용환경 등에 따라 변하는데 이들 요소와 성능변화의 관계를 파악하여 요구하는 정밀도 수준의 80% 또는 90% 수준에 이르렀을 때 재 교정을 하여 사용하는 것을 유효성검증이라 한다.

(1) 정밀 측정을 하기 위한 필수 조건
 - 정확한 측정기의 보유
 - 적합한 측정환경 유지
 - 좋은 측정기술력을 보유
 - 국가 측정표준과 소급성이 유지 필요
 - 측정 불확도의 이해 필요

(2) 측정기의 교정대상 및 교정주기
교정주기의 분야를 나누어 보면 다음과 같다.
 ○ 길이(Length) 분야
 ○ 각도(Angle) 분야
 ○ 표면 거칠기(Surface Roughness) 분야
 ○ 질량 및 무게(Mass and Weight) 분야
 ○ 부피(Volume) 분야
 ○ 밀도(Density)분야
 ○ 힘 (Force) 분야
 ○ 진동 및 충격(Vibration and Shock) 분야
 ○ 압력 및 진공(Pressure and Vacuum) 분야
 ○ 유체유량(Fluid Flow) 분야

단원명 3 측정율 작성하기

○ 시간 및 주파수(Time and Frequency) 분야
○ 속도 및 회전수(Velocity and Revolution) 분야
○ 전기(Electricity) 분야
○ 전자파(Electromagnetic Wave) 분야
○ 자기(Magnetism) 분야
○ 음향 및 소음(Acoustics and Noise)
○ 온도(Temperature) 분야
○ 수분(Moisture) 분야
○ 습도(Humidity) 분야
○ 광도 및 복사(Photometry & Radiometry) 분야
○ 분광 및 색채(Spectrophotometry & Color)
○ 광학(Optics) 분야
○ 레이저(Laser) 분야
○ 방사선(Radiation) 분야
○ 재료물성(Materials Properties) 분야

(가) 길이분야의 교정대상 측정기 및 교정주기
 일반적으로 금형 제작분야에서 많이 사용 되는 외경 및 내경 마이크로미터의 경우 12개월 주기로 교정을 받아야 함을 확인할 수가 있고, 버어니어 켈리퍼스 또한 동일하게 12개월 주기로 교정을 받아야 된다.

(나) 각도 분야의 교정대상 측정기 및 교정주기
 금형 제작분야에서 많이 사용 되는 수준기 24개월 주기로 교정을 받아야 함을 확인할 수가 있고, 사인바의 경우에는 12개월 주기 등으로 확인된다.

(다) 표면 거칠기 분야의 교정대상 측정기 및 교정주기
 금형 제작분야에서 많이 사용 되는 광파 간섭식 표면 거칠기 측정기 36개월 주기로 교정을 받아야 함을 확인할 수가 있고, 촉침식 표면 거칠기 측정기의 경우는 24개월 주기 등으로 교정을 받아야 된다.

(라) 온도 분야의 교정대상 측정기 및 교정주기
 금형 제작분야에서 많이 사용 되는 열전대, 열량계 등이 12개월 주기로 교정을 받아야 함을 확인할 수가 있다.

시제품 측정

(마) 습도 분야의 교정대상 측정기 및 교정주기
　금형 제작분야 측정실에서 많이 사용 되는 자동노점 습도계, 온습도 기록계 등이 12개월 주기로 교정을 받아야 함을 확인할 수가 있다.

<표3-1-1> 길이분야의 교정대상 측정기 및 교정주기

단위: 월

기기 분류번호	기기명	교정용 표준기	정밀계기
01-1-0031	게이지 브록-절대교정	36	-
01-1-0032	게이지 블록-비교교정	36	-
01-1-0040	선 표준	36	-
01-1-0050	깊이 게이지	24	12
01-1-0060	나사 게이지	-	12
01-1-0070	높이 게이지	24	12
01-1-0080	다이얼 게이지	-	12
01-1-0090	레이저 측장기	24	12
01-1-00100	링 게이지	36	24
01-1-00110	내·외측 마이크로미터	-	12
01-1-00120	내·외측 버니어캘리퍼스	-	12
01-1-00130	링게이지 비교기	24	-
01-1-00140	엔드바	24	12
01-1-00150	게이지 블록 비교기	24	-
01-1-00160	스냅 게이지	24	12
01-1-00170	와이어 게이지	24	12
01-1-00180	측장 현미경	36	24
01-1-00190	투영 측장기	36	24
01-1-00200	표준자	36	24
01-1-00210	표준 줄자	24	24
01-1-00220	표준 측장기	36	24
01-1-00230	플러그 게이지	36	24
01-1-00240	실린더 게이지	-	12
01-1-00250	다이얼 게이지 시험기	24	12

<표3-1-2> 각도 분야의 교정대상 측정기 및 교정주기

단위: 월

기기 분류번호	기 기 명	교정용 표준기	정밀계기
02-1-0010	각도 게이지 블록	24	-
02-1-0020	각도 비교 측정기	12	-
02-1-0031	수준기	36	24
02-1-0032	전기식 수준기	36	24
02-1-0040	자동 시준기	24	-
02-1-0050	시준기	24	-
02-1-0060	사인바	24	12
02-1-0070	사인 플레이트	24	12
02-1-0080	사인 센터	24	12
02-1-0090	사인 테이블	24	12
02-1-0100	각도 눈금 원판	24	-
02-1-0110	회전 테이블	24	12
02-1-0120	정밀 직각 기준	24	-
02-1-0130	다각형 각도 기준	24	-
02-1-0140	직각 시험기	24	24
02-1-0150	직각자	-	24
02-1-0160	광학식 각도계	24	12
02-1-0170	광학식 크리노미터	24	12
02-1-0180	크리노미터	24	12
02-1-0190	원통 스퀘어	36	24
02-1-0200	앵글덱커	18	12
02-1-0210	미소 각도 설정기	24	12
02-1-0220	옵티칼 디바이딩 헤드	24	12
02-1-0230	펜타 프리즘	24	12
02-1-0240	테이퍼 측정기	24	12
02-1-0250	브이블록	24	24

시제품 측정

<표3-1-3> 표면 거칠기 분야의 교정대상 측정기 및 교정주기

단위: 월

기기 분류번호	기 기 명	교정용 표준기	정밀계기
03-1-0010	광파 간섭식 표면거칠기 측정기	36	-
03-1-0020	촉침식 표면거칠기 측정기	24	24
02-1-0030	표면거칠기 표준 시편	24	12
02-1-0040	표면거칠기 비교 시편	24	12
02-1-0050	초음파 시험편	24	12

<표3-1-4> 온도 분야의 교정대상 측정기 및 교정주기

단위: 월

기기 분류번호	기 기 명	교정용 표준기	정밀계기
18-1-0010	캡슐형 표준백금저항 온도계	24	-
18-1-0020	반도체 온도계	12	-
18-1-0030	열전대	12	12
18-2-0040	표준 백금저항 온도계	18	-
18-2-0050	산업용 저항 온도계	12	12
18-2-0060	비금속 열전대 온도계	12	12
18-2-0070	유리제 온도계	24	24
18-2-0080	수정 온도계	12	12
18-2-0090	복사 온도계	-	12
18-3-00100	금점흑체	-	-
18-3-00110	표준 전구	12	12
18-3-00120	PR열전대 온도계	12	12
18-3-00130	저항식 온도 지시계	12	12
18-3-00140	열전식 온도 기록계	12	12
18-3-00150	온도 지시 조절계	12	12
18-3-00160	광고온계	12	12
18-3-00170	디지털 온도계	12	12
18-3-00180	바이메탈 온도계	-	12
18-3-00190	백크만 온도계	12	12
18-3-00200	서어미스터	12	12
18-3-00210	압력식 온도계	-	12
18-3-00220	얼음점 구현 장치	-	-
18-3-00230	열량계	12	12
18-3-00240	융점 측정기	12	12
18-3-00250	의료용 유리제온도계	12	12

<표3-1-5> 습도 분야의 교정대상 측정기 및 교정주기

단위: 월

기기 분류번호	기 기 명	교정용 표준기	정밀계기
20-1-0040	자동노점 습도계	24	12
20-1-0060	전기량 습도계	12	12
20-1-0070	저항 온도계식 건습구 습도계	12	12
20-1-0090	고분자 박막 습도계	-	12
20-1-0100	알루미나 박막 습도계	-	12
20-1-0110	피막 습도계	-	12
20-1-0120	온습도기록계	-	12
20-1-0130	노점습도계	12	12

2. 측정기의 0 점 조정

(1) 버어니어 켈리퍼스의 0 점 조정

- 0점 조정순서
  ① 측정 면의 청결유지 (몸체 조오면과 슬라이더 조오면)
  ② 측정 전 0점 확인
  ③ 0점이 맞지 않을 경우에는 0점 조정 (본체와 부척의 0점 조정)
- 아날로그 방식의 경우 : 1/20mm 본척의 버어니어 켈리퍼스에서는 본척의 19눈금과 부척의 10눈금선이 정확하게 일치해야 하고 본척의 "0" 눈금과 부척의 "0" 눈금이 바르게 맞게 조정하는 것
- 디지털 방식의 : 몸체의 조오와 슬라이더의 조오를 밀착시키고 "0"점 셋팅 보턴을 눌러 LCD판넬의 수치를 0.00으로 조정하는 것

(2) 버어니어 켈리퍼스의 0 점 조정

- 0점 조정순서
  ① 측정 면의 청결유지 (앤빌면과 스핀들 면)
  ② 측정 전 0점 확인
  ③ 0점이 맞지 않을 경우에는 0점 조정 (내측 슬리브를 회전시킴)

(3) 마이크로미터의 0 점 조정

- 0점 조정순서
  ① 측정 면의 청결유지 (앤빌면과 스핀들 면)
  ② Setting Bar 를 마이크로의 앤빌과 스핀들 사이에 끼우고, 조정너트를 돌려 끝가지 돌린다.
  ③ 0점 확인

시제품 측정

④ 0점이 맞지 않을 경우
⑤ Thmble과 Ratchet stop 을 분해한다.
⑥ Setting Bar에 0점을 맞춘 후 다시 끼워 맞춘다.

3. 측정기의 보관방법

- 측정기는 구성부품의 전체가 정밀하게 가공된 상태로 조합되어 있기 때문에 약간의 녹, 먼지, 돌기등이 생기면 사용하기 곤란한 문제가 발생하게 된다.
- 보관장소와 취급에 충분한 주의를 해야 하며, 온도의 변화가 적고, 습도가 낮은 장소에 보관 한다.
- 공기 중의 가스입자 등 불순물의 부착은 산화를 조장한다. 사용 후에는 필히 청결하게 닦아 방청유를 발라 보관한다.
- 기름은 얇게 칠하고, 불필요한 곳에는 바르지 않는다. 광학 측정기에는 광학계에 기름이 스며들지 않도록 주의해야 한다.
- 사용하지 않는 측정기와 게이지도 1년에 2회 정도는 손질을 해야 한다.

실기 내용

1. 측정기 셋팅하기

(1) 버니어 캘리퍼스와 마이크로미터를 측정기를 준비한다.

[그림3-1-1] 측정기

① 버니어 캘리퍼스, 마이크로미터 준비
② 1인으로 평가한다.

(2) 마이크로미터의 0점 조정을 한다.
① 마이크로미터를 준비한다.

(3) 버니어 캘리퍼스의 0점 조정을 한다.
① 측정기를 사용하여 제품을 측정한다.
② 1~5부위를 측정하도록 한다.

단원명 3 측정을 작성하기

장비 및 도구, 소요재료

구 분	명 칭	규격(사양)	1대당 활용인원
장 비	컴퓨터		1인
	프린터		10인
	2D, 3D 설계 프로그램		
도 구	계산기, 메모지, 펜		1인
	마이크로미터, 버어니어 캘리퍼스, 직각자 등 본 측정기류		1인
	정반		5인
소요재료	3D 모델링 제품		1인
	2D 제품도		1인

안전유의사항

1. 안전유의사항
 - 안전수칙 준수
 - 관련 매뉴얼에 대한 사전에 숙지하려는 노력

관련 자료

1. 관련 자료
 - 제품도
 - 검사 성적서 및 금형도면
 - 외관검사용 한도견본
 - 측정기 매뉴얼
 - 시제품 시료
 - 관련규격자료(KS 규격자료 등)

시제품 측정

3-2 측정값 기록하기

교육훈련 목 표	• 제품도면을 파악하여 측정 후Sheet 에 측정값을 고려하여 기록할 수 있다.

필요 지식

1. 제품도 주요 공차부 확인

(1) 프런트 업퍼(Front-Upper) 도면의 주요부 확인

[그림3-2-1]은 제품 도면의 주요 치수들을 나타내었다. 전체 도면으로 모든 치수를 측정해야 하고, 공차가 기입된 치수들은 상대물과의 조립이나, 디자인과 관련된 중요한 치수 이므로, 이들 치수는 더욱더 정밀하게 측정할 필요가 있다.

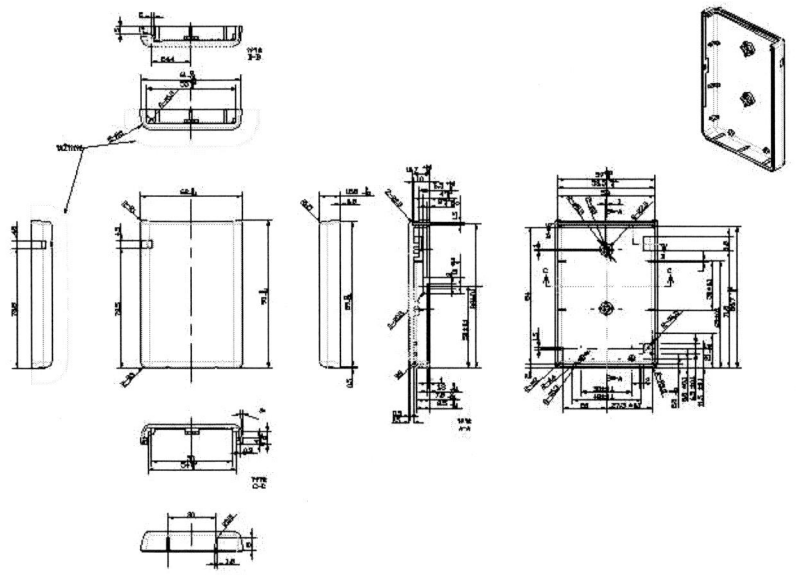

[그림3-2-1] Front-Upper 제품도면

[그림3-2-2]는 제품도면의 정면도, 우측면도, 좌측면도를 나타내었다. 공차가 적용된 치수들을 살펴보면 다음과 같다. 전폭은-0.1mm 이므로 치수는 62~61.9mm로 관리 되어야하고, 전장은 -0.1mm 로 치수는 90~89.9mm로 관리 되어야 한다. 제품의 높이는 -0.1 mm 로 치수는 12.5~12.4mm로 관리 되어야 한다. 이 치수를 넘게 되면 상대물과 조립을 할 때에 조립이 되지 않을 수도 있다. 89mm 에 -0.1mm 로 표기되어 있는 치수는 가이드 리브라고 하여, 상대

물과의 조립시 위치를 안내해 주는 역할을 한다. 이 치수가 정확히 관리가 되지 않는다면, 제품 외관상 문제가 될 것이다.

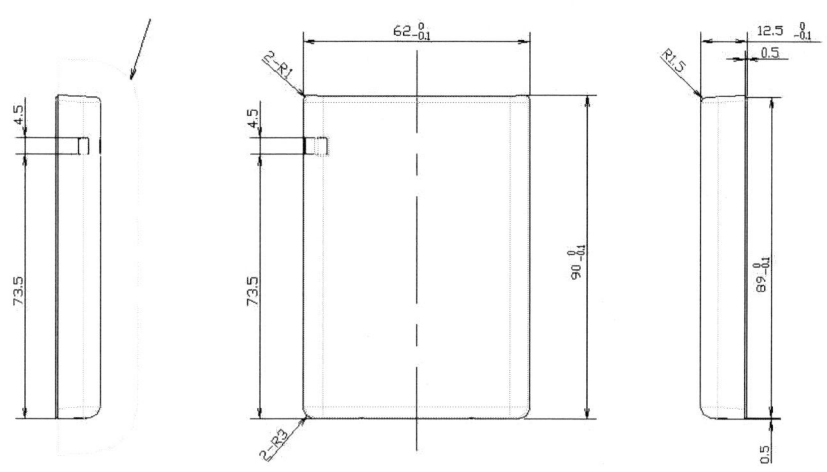

[그림3-2-2] 제품도면의 정면도, 우측면도, 좌측면도

[그림3-2-3]은 제품도면의 단면도와 배면도를 나타내었다. 단면도 A-A에서 보스의 높이나 후크부위는 치수를 (+) 관리를 하고 있다. 도면에서 중요도가 약간 낮은 치수들은 (±)로 표기되었다. 치수 (±)0.1은 88.1~87.9mm로 관리를 해야 한다. 배면도에서 홀과 홀과의 거리, 상대물의 위치 고정 가이드 리브들은 공차 관리를 하였다. 표기된 나머지 치수들도 확인한다.

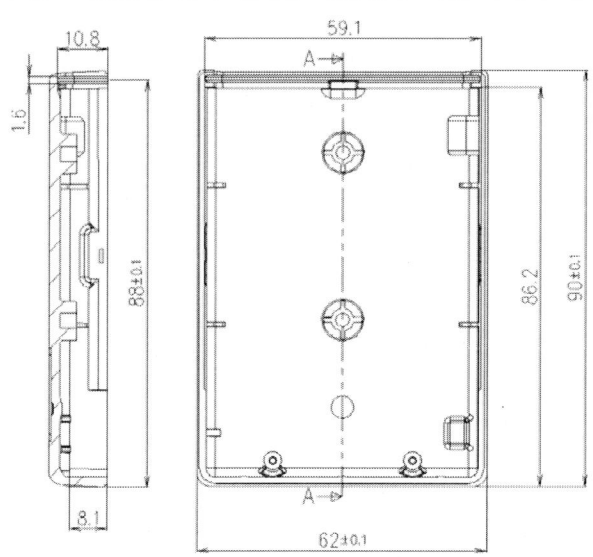

[그림3-2-3] 제품도면의 단면도와 배면도

[그림3-2-4]에서 치수 (-)0.1은 61~60.9mm와 치수 (+)0.1은 55.1~55mm 가 중요 치수로 집중

시제품 측정

해서 관리해야 한다. 표기된 나머지 치수들도 확인한다.

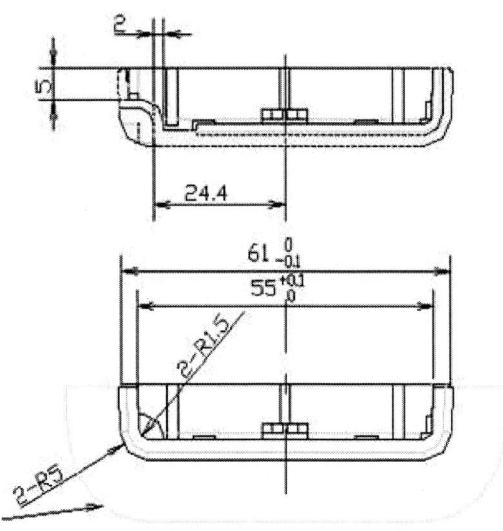

[그림3-2-4] 제품도면의 단면도와 평면도

[그림3-2-5]에서 치수 (+)0.1은 54.1~54mm와 치수 (+)0.1은 8.1~8mm 가 중요 치수로 집중해서 관리해야 한다. 표기된 나머지 치수들도 확인한다.

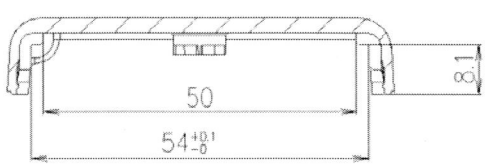

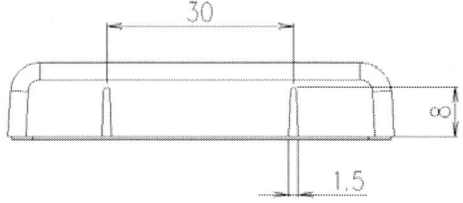

[그림3-2-5] 제품도면의 단면도와 처면도

(2) 프런트 로어(Front-Lower) 도면의 주요부 확인

[그림3-2-6]은 프런트 로어(Front-Lower)의 제품도면이다. 도면은 제품의 주요 부위와 각각의 치수를 나타내었다.

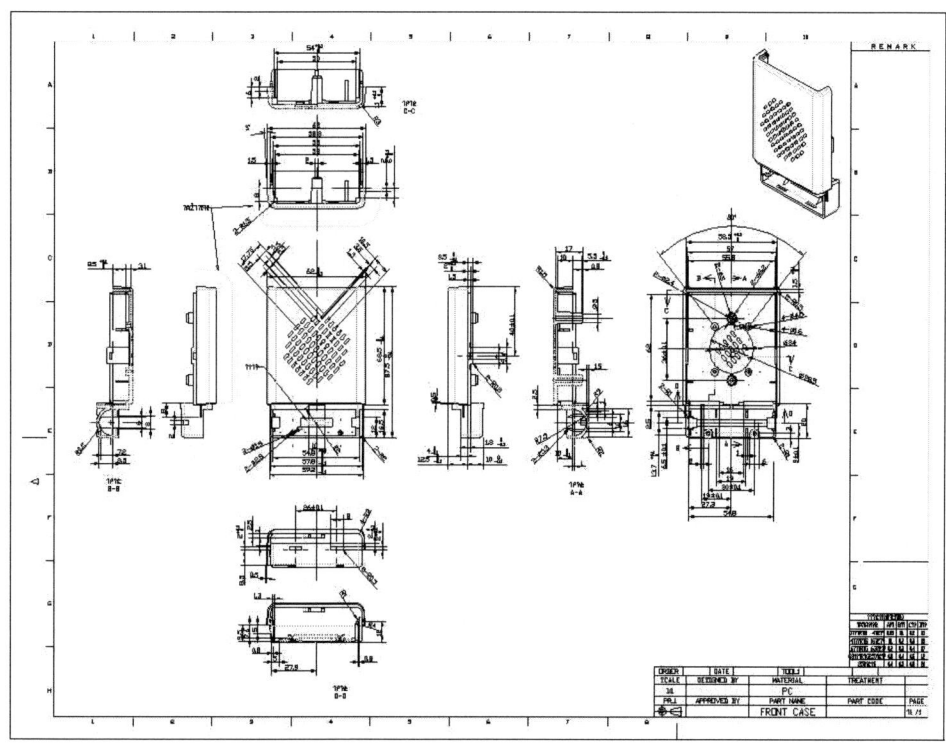

[그림3-2-6] Front-Lower 제품도면

[그림3-2-7]은 제품도면의 정면도, 우측면도, 좌측면도를 나타내었다. 공차가 적용된 치수들을 살펴보면 다음과 같다. 가이드 리브의 높이의 치수는 1.8 mm에서 공차는 +0.0과 -0.1mm 이므로 치수는 1.7~1.8mm로 관리 되어야 하고, 홀과 홀과의 거리는 40.0±0.1mm이므로 치수는 39.9~40.1mm로 관리 되어야 한다. 공차가 적용된 치수들을 집중적으로 관리해야 한다.

[그림3-2-8]은 제품도면의 단면도와 배면도를 나타내었다. 공차가 적용되어 있는 부분은 집중적으로 관리되어야 한다. 표기된 나머지 치수들도 확인한다.

시제품 측정

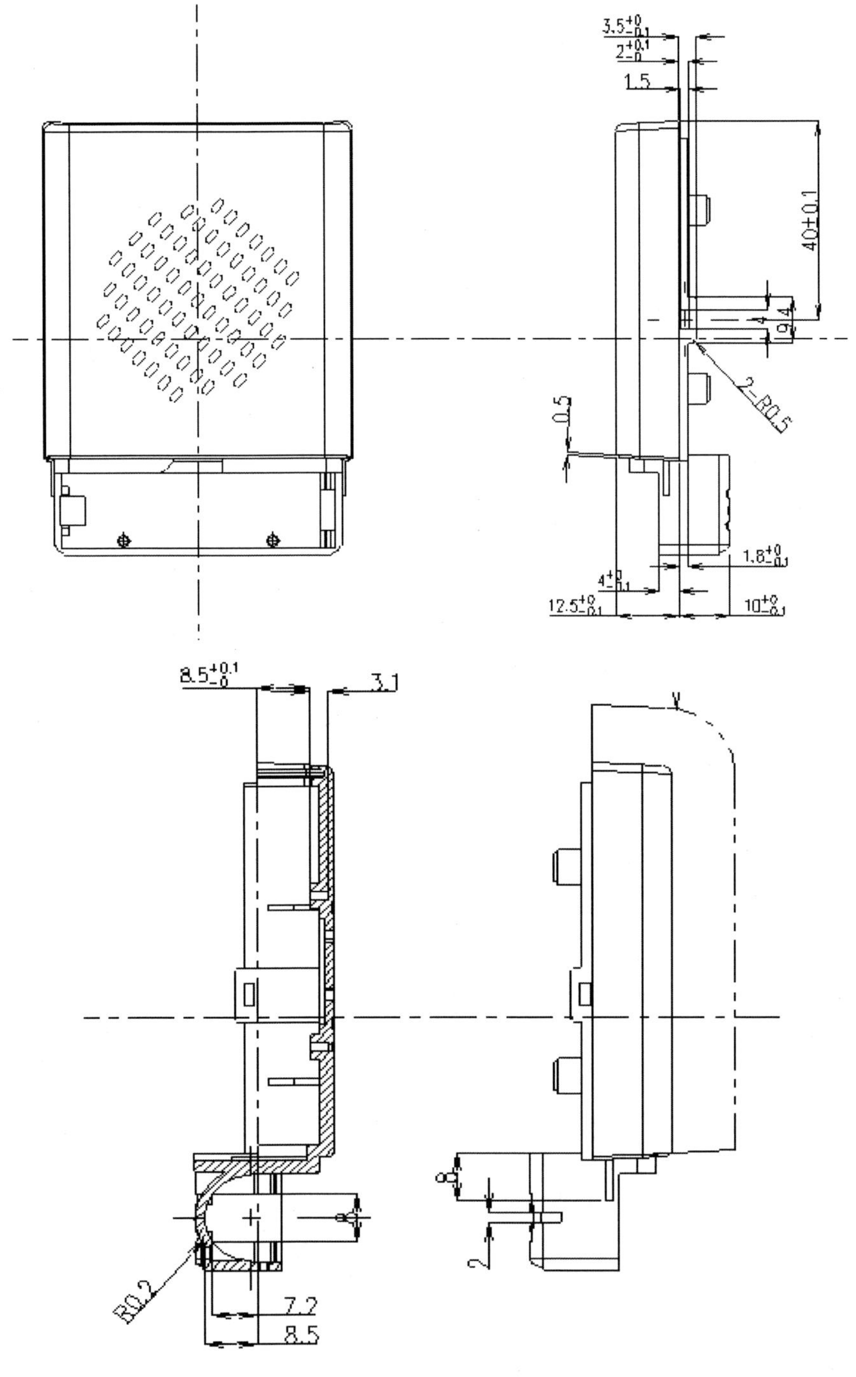

[그림3-2-7] 제품도면의 정면도, 우측면도, 좌측면도

단원명 3 측정율 작성하기

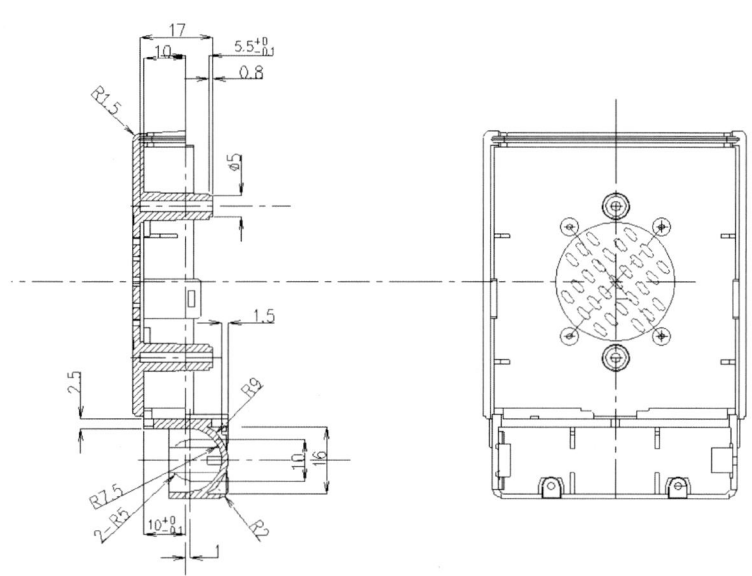

[그림3-2-8] 제품도면의 단면도와 배면도

[그림3-2-9]에서 홀과 홀의 거리 치수 (±)0.1에서 26.1~25.9mm는 중요 치수로 집중해서 관리해야 한다. 나머지 공차 치수와 나머지 치수를 확인한다.

[그림3-2-10]에서 치수 (+)0.1은 54.1~54mm, 치수 (+)0.1은 11~11.1mm, 치수 (+)0.1은 6~6.1mm가 중요 치수로 집중해서 관리해야 한다.

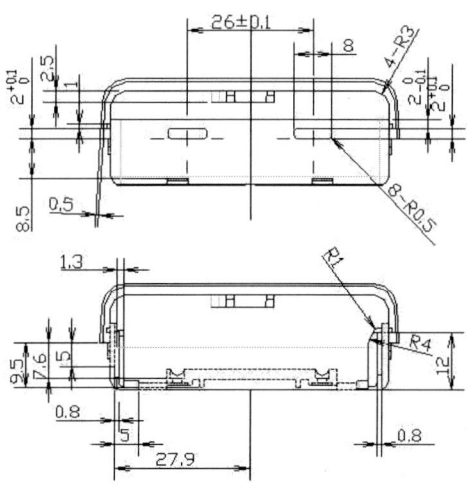

[그림3-2-9] 제품도면의 평면도와 단면도

73

시제품 측정

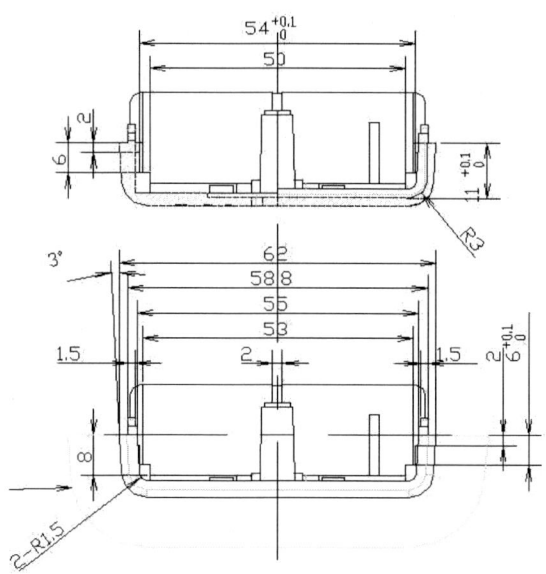

[그림3-2-10] 제품도면의 단면도와 처면도

(3) 프런트 커버(Front-Cover) 도면의 주요부 확인

[그림3-2-11]은 Front-Cover 도면의 주요 치수들을 나타내었다. 공차가 기입된 치수들을 확인하고, 상대 물과의 조립여부를 확인한다. 나머지 치수들을 확인한다.

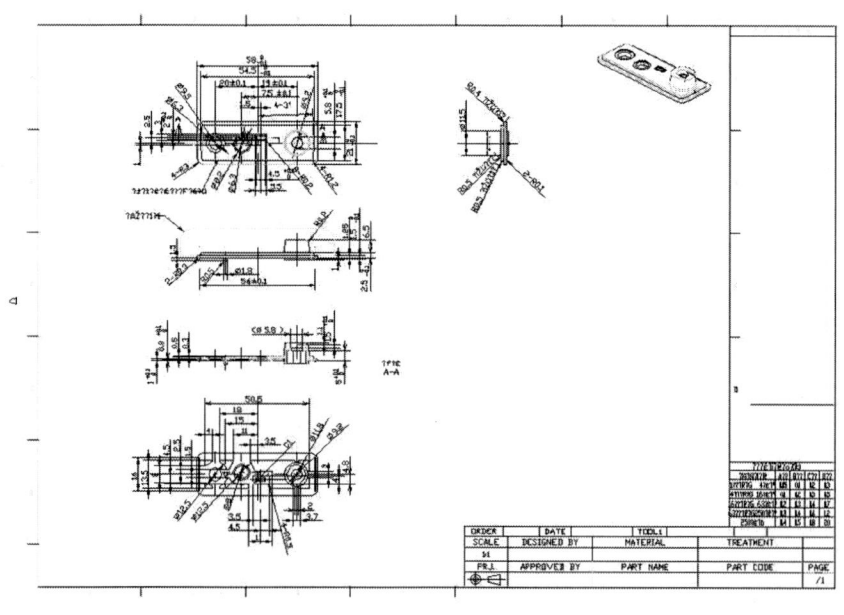

[그림3-2-11] Front-Cover 제품도면

(3) 밧데리 리드(BATT-Lid) 도면의 주요부 확인

[그림3-2-12]는 밧데리 리드(BATT-Lid) 도면의 주요 치수들을 나타내었다. 공차가 기입된 치수들을 확인한다. 측정하기가 힘든 치수들은 '치수기입 불가' 라고 하여 남겨둔다. 그 밖의 치수들을 확인한다.

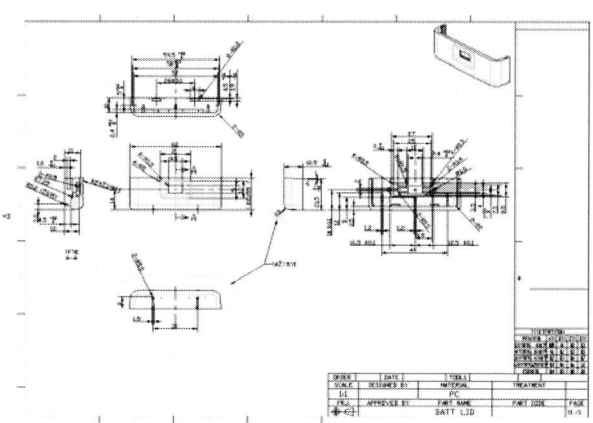

[그림3-2-12] BATT-Lid 제품도면

2. 성형품의 측정값 기록

[그림3-2-13]은 측정 시트를 나타낸 것으로, 측정한 치수를 시트에 기록한다. 4개의 샘플을 총 56 포인트를 측정 하였다.

시제품 측정

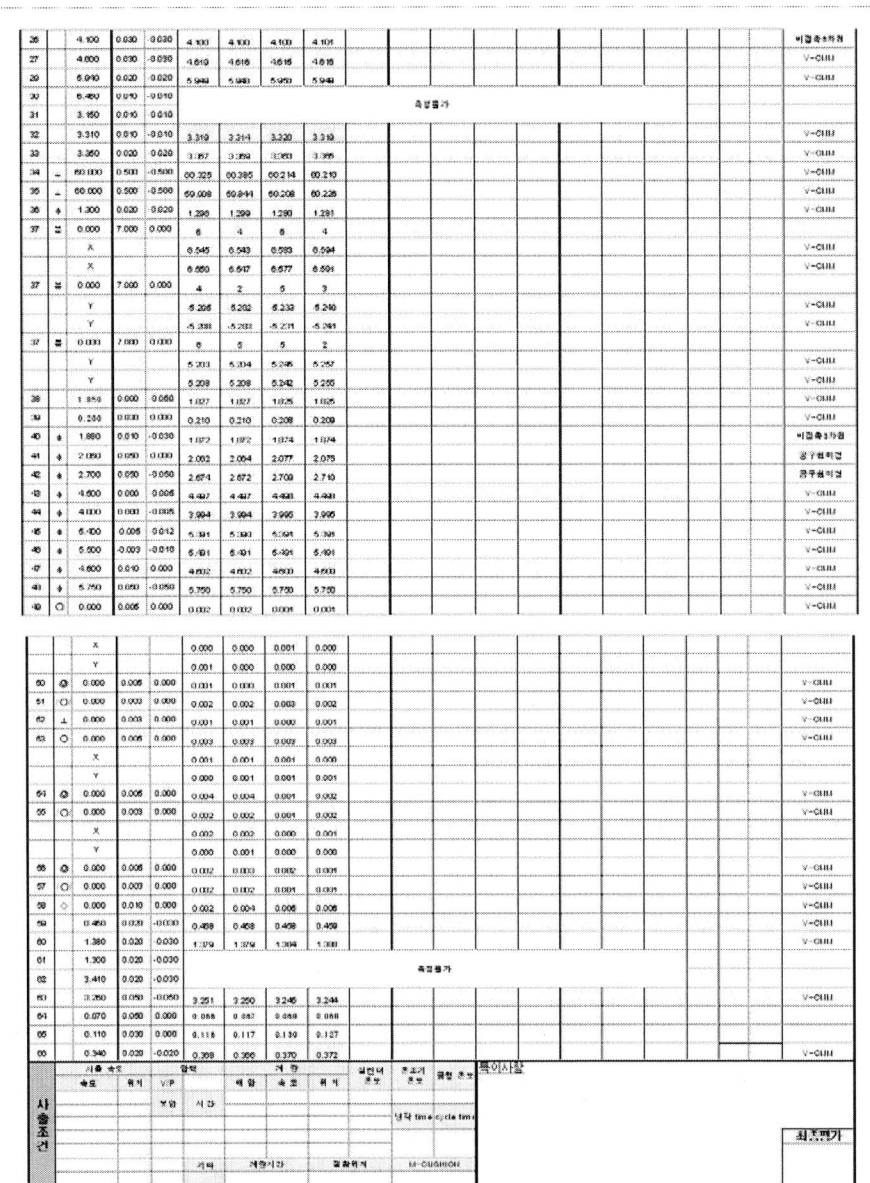

[그림3-2-13] 측정 시트 예

단원명 3 측정을 작성하기

실기 내용

1. 측정값 기록하기

(1) 2D 제품도면을 준비한다.

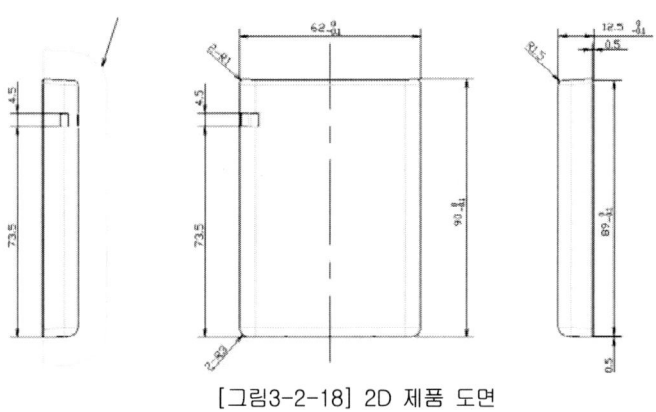

[그림3-2-18] 2D 제품 도면

① 그림과 같은 공차가 있는 제품 도면을 준비한다.
② 5인 1조로 구성한다.

(2) 도면에 표기된 치수를 파악한다.
① 도면에 표기된 치수를 파악한다.

(3) 버니어 캘리퍼스를 준비한다.
① 버니어 캘리퍼스의 사용법을 숙지하도록 한다.

[그림3-2-19] 검사 성적서

시제품 측정

(4) 검사 성적서를 준비한다.
① 제품의 치수를 기입하기 위한 검사 성적서를 준비한다.

(5) 검사 성적서를 작성한다.
① 제품에 표기된 치수를 검사 성적서에 기입한다.

장비 및 도구, 소요재료

구 분	명 칭	규격(사양)	1대당 활용인원
장 비	컴퓨터		1인
	프린터		10인
도 구	계산기, 메모지, 펜		1인
	마이크로미터, 버어니어 캘리퍼스, 직각자 등 본 측정기류		1인
	정반		5인
소요재료	3D 모델링 제품		1인
	2D 제품도		1인
	검사 성적서		1인

안전유의사항

1. 안전유의사항
 - 안전수칙 준수
 - 관련 매뉴얼에 대한 사전에 숙지하려는 노력

관련 자료

1. 관련 자료
 - 제품도
 - 검사 성적서 및 금형도면
 - 외관검사용 한도견본
 - 측정기 매뉴얼
 - 시제품 시료
 - 관련규격자료(KS 규격자료 등)

3-3 제품 도면을 파악하여 판정하기

교육훈련 목 표	• 측정을 완료 후 제품 도면과 비교 파악하여 합■부 고려하여 판정할 수 있다.

필요 지식

1. 측정결과를 도면과 비교하여 합격, 불합격 판정

[그림3-3-1]는 측정물과 도면의 치수를 측정 시트에 기록 하였다. 이 결과를 바탕으로 판정을 하게 되는데, 치수가 공차값에 따라 OK 나 NG를 결정하게 된다. NG를 받은 치수들은 수정을 하게 된다. 먼저, 원인을 파악하고, 금형에 문제가 있다면, 금형의 캐비티나 코어의 치수를 확인한다. 가공에 의한 문제가 발생 하였다면, 수정 부위를 재가공한다.

시제품 측정

[그림3-3-1] 판정 결과 시트 예

NG 판정을 받은 치수를 수정 하여, 다시 시험 사출을 하고, 그 치수를 다시 측정하여 OK 판정을 받으면 그 성형품은 양산을 할 수 있게 된다. [그림3-3-2]은 금형 수정 후, 판정 결과를 나타내었다.

단원명 3 측정을 작성하기

(광기구물) 샘플 검사성적서

		X			0.000	0.000	0.001	0.000				
		Y			0.001	0.000	0.000	0.000				
50	◎	0.000	0.005	0.000	0.001	0.000	0.001	0.001	OK	0.001	0.000	V-CUM
51	○	0.000	0.003	0.000	0.002	0.002	0.000	0.002	OK	0.003	0.002	V-CUM
52	⊥	0.000	0.003	0.000	0.001	0.001	0.000	0.001	OK	0.001	0.000	V-CUM
53	○	0.000	0.005	0.000	0.003	0.003	0.003	0.003	OK	0.000	0.000	V-CUM
		X			0.001	0.001	0.001	0.000				
		Y			0.000	0.001	0.001	0.001				
54	◎	0.000	0.005	0.000	0.004	0.004	0.001	0.002	OK	0.004	0.001	V-CUM
55	○	0.000	0.003	0.000	0.002	0.002	0.001	0.002	OK	0.002	0.001	V-CUM
		X			0.002	0.002	0.000	0.001				
		Y			0.000	0.001	0.000	0.000				
56	◎	0.000	0.005	0.000	0.002	0.003	0.002	0.001	OK	0.003	0.001	V-CUM
57	○	0.000	0.003	0.000	0.002	0.002	0.001	0.001	OK	0.002	0.001	V-CUM
58	○	0.000	0.010	0.000	0.002	0.004	0.005	0.005	OK	0.006	0.002	V-CUM
59		0.460	0.020	-0.030	0.468	0.468	0.468	0.469	OK	0.009	0.008	V-CUM
60		1.380	0.020	-0.030	1.379	1.379	1.394	1.388	OK	0.000	-0.001	V-CUM
61		2.300	0.020	-0.030	측정평가							
62		3.410	0.020	-0.030								
63		4.280	0.050	-0.050	4.251	4.250	4.246	4.244	OK	-0.009	-0.016	V-CUM
64		0.070	0.050	0.000	0.066	0.067	0.068	0.068				
65		0.150	0.030	0.000	0.116	0.117	0.130	0.127				
66		0.340	0.020	-0.020	0.320	0.330	0.320	0.330	OK	-0.010	-0.020	V-CUM

시출조건	사출 속도		압력		계량			실린더 온도	온조기 온도	금형 온도	특이사항
	속도	위치	V/P		배압	속도	위치				
			보압	시간							
									냉각 time	cycle time	
				기타	계량시간		걸음위치		M-CUSHION		최종평가
											OK

[그림3-3-2] 최종 판정 결과 시트 예

실기 내용

1. 측정값 기록하기

(1) 2D 제품도면과 제품을 준비한다.

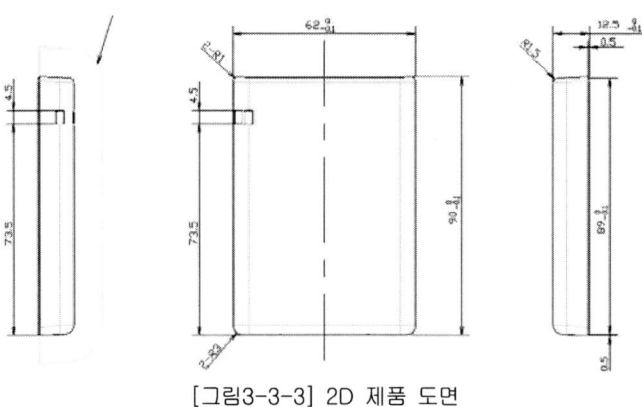

[그림3-3-3] 2D 제품 도면

① 제품 도면을 준비한다.

② 제품을 준비한다.

② 5인 1조로 구성한다.

(2) 도면에 표기된 치수를 파악한다.

① 도면에 표기된 치수를 파악한다.

(3) 검사 성적서에 모든 치수를 기입한다.

① 제품도의 모든 치수를 검사 성적서에 기입한다.

( ) 샘플 검사성적서

제작NO 08A0124

기 종	SP830	시사출처		금형차수	2차	측정자	
품 명	BARREL	금형제작처		검토차수	6차	작성일	

도면규격					샘플번호												판정	오차		Spec. 가능구간		사 용
No.	규격		+	-	#1-1	#1-2	#1-3	#1-4	#1-5	#1-6	#1-7	#1-8	#1-9	#1-10	Target Min	Target Max		Max	Min			측정기
41	⌀	2.968	0.050	0.000	측정불가																	
42	⌀	2.750	0.050	-0.050																		
43	⌀	4.500	0.000	-0.005	4.498	4.498	4.498	4.498	4.498	4.498	4.498	4.498	4.498	4.498	4.497	4.498	OK	-0.001	-0.003	4.495	4.498	V-CMM
44	⌀	5.000	0.000	-0.005	4.997	4.997	4.997	4.997	4.997	4.997	4.997	4.997	4.997	4.997	4.995	4.997	OK	-0.003	-0.005	4.996	4.998	V-CMM
45	⌀	5.400	-0.005	-0.012	5.394	5.394	5.394	5.394	5.394	5.394	5.394	5.394	5.394	5.394	5.390	5.392	OK	-0.006	-0.010	5.389	5.394	V-CMM
46	⌀	5.500	-0.003	-0.010	5.496	5.496	5.496	5.496	5.497	5.496	5.496	5.496	5.496	5.496	5.493	5.495	OK	-0.003	-0.007	5.491	5.496	V-CMM
47	⌀	5.600	0.010	0.000	5.606	5.606	5.606	5.606	5.606	5.606	5.606	5.606	5.606	5.606	5.601	5.604	OK	0.006	0.001	5.602	5.609	V-CMM
48	⌀	5.750	0.050	-0.050	5.750	5.750	5.751	5.751	5.750	5.751	5.758	5.758	5.750	5.750			OK	0.001	0.000	5.715	5.785	V-CMM
49	○	0.000	0.005	0.000	0.001	0.002	0.002	0.002	0.002	0.001	0.002	0.002	0.002	0.002			OK	0.002	0.001	0.003	0.004	V-CMM
	X																					
	Y																					
50	◎	0.000	0.005	0.000	0.001	0.002	0.001	0.002	0.002	0.001	0.001	0.001	0.001	0.001			OK	0.002	0.001	0.001	0.004	V-CMM
51	⌭	0.000	0.003	0.000	0.000	0.000	0.000	0.000	0.001	0.000	0.001	0.001	0.000	0.000			OK	0.001	0.000	0.000	0.003	V-CMM
52	⊥	0.000	0.003	0.000	0.001	0.001	0.001	0.001	0.001	0.001	0.000	0.001	0.000	0.000			OK	0.001	0.000	0.000	0.003	V-CMM
53	○	0.000	0.005	0.000	0.004	0.004	0.004	0.005	0.004	0.005	0.004	0.004	0.004	0.004			OK	0.005	0.004	0.001	0.004	V-CMM
	X																					
	Y																					
54	◎	0.000	0.005	0.000	0.004	0.002	0.002	0.003	0.003	0.003	0.003	0.005	0.002	0.002			OK	0.005	0.002	0.001	0.004	V-CMM
55	⌭	0.000	0.003	0.000	0.003	0.003	0.003	0.003	0.003	0.003	0.003	0.003	0.002	0.002			OK	0.003	0.002	0.000	0.003	V-CMM
	X																					
	Y																					
56	◎	0.000	0.005	0.000	0.004	0.004	0.001	0.004	0.003	0.003	0.002	0.004	0.003	0.001			OK	0.004	0.001	0.001	0.004	V-CMM
57	⌭	0.000	0.003	0.000	0.000	0.000	0.001	0.001	0.001	0.001	0.001	0.001	0.001	0.001			OK	0.001	0.000	0.000	0.003	V-CMM
58	○	0.000	0.010	0.000	0.005	0.005	0.010	0.004	0.007	0.005	0.007	0.006	0.006	0.010			OK	0.010	0.004	0.002	0.008	V-CMM

[그림3-3-4] 검사 성적서

(4) 성형된 제품을 준비한다.

① 제품을 준비한다.

(5) 버니어 캘리퍼스로 제품을 측정한다.

① 버니어 캘리퍼스로 제품을 측정한다.

(6) 측정한 치수를 제품도의 치수와 맞게 기입한다.

① 측정한 치수를 검사 성적서에 기입한다.

(7) 측정한 치수와 제품도의 치수를 비교하여 합격 · 불합격을 판단한다.

① 측정한 치수와 제품도의 치수를 비교한다.

② 제품도의 치수를 벗어나는 측정 치수가 없는지 확인한다.

③ 비교분석에 의해서 합격 · 불합격을 판단한다.

시제품 측정

장비 및 도구, 소요재료

구 분	명 칭	규격(사양)	1대당 활용인원
장 비	컴퓨터		1인
	프린터		10인
도 구	계산기, 메모지, 펜		1인
	마이크로미터, 버어니어 캘리퍼스, 직각자 등 본 측정기류		1인
	정반		5인
소요재료	3D 모델링 제품		1인
	2D 제품도		1인
	검사 성적서		1인

안전유의사항

1. 안전유의사항
 - 안전수칙 준수
 - 관련 매뉴얼에 대한 사전에 숙지하려는 노력

관련 자료

1. 관련 자료
 - 제품도
 - 검사 성적서 및 금형도면
 - 외관검사용 한도견본
 - 측정기 매뉴얼
 - 시제품 시료
 - 관련규격자료(KS 규격자료 등)

단원명 3 | 교수방법 및 학습활동

교수 방법

- 측정기와 사용방법에 대해서 PPT 등의 도구를 사용해 설명한다.
- 측정기를 준비하여 학습자에게 보교재로 활용하여 설명한다.
- 측정기의 사용방법에 대하여 그룹별로 설명한다.
- 제품도를 준비한다.
- 제품도에 대한 공차를 설명한다.
- 제품도에 대한 부분을 그룹별로 토의하도록 한다.
- 검사성적서와 제품 치수를 측정하여 판별을 할 수 있도록 설명한다.

학습 활동

- 그룹을 만들고, 제품도에 대한 분석 및 토의를 한다.
- 제품도 분석 및 토의에 대한 부분을 발표한다.
- 플라스틱 제품을 측정하고, 토의를 한다.
- 토의한 부분에 대해서 발표한다.
- 측정기 사용법을 익히고, 제품을 측정하도록 한다.
- 측정기 사용법을 익히고, 사용법에 대해서 서로 토의한다.

시제품 측정

단원명 3 | 평가

평가 시점

- 측정기 및 측정기 사용법에 대해서 교육중 각 그룹별로 발표하여 평가한다.
- 측정기 및 측정기 사용법에 대해서 중간고사나 기말고사는 객관식 문제, 단답형 및 주관식으로 평가한다.

평가 준거

평가자는 피평가자가 수행 준거 및 평가 내용에 제시되어 있는 내용을 성공적으로 수행할 수 있는지를 평가해야 한다. 평가자는 다음 사항을 평가해야 한다.

평가영역	평가항목	성취수준				
		잘모른다	미흡하다	보통이다	알고있다	잘알고있다
측정을 작성하기	측정 전 영점 조정 여부를 파악하여 오차 범위를 고려하여 측정기 셋팅(영점 조정)을 할 수 있다.					
	제품도면을 파악하여 측정 후 Sheet에 측정 값을 고려하여 기록할 수 있다.					
	측정을 완료 후 제품 도면과 비교 파악하여 합·부 고려하여 판정할 수 있다.					

단원명 3 측정을 작성하기

평가 방법

평가영역	평가항목	평가방법
측정을 작성하기	측정 전 영점 조정 여부를 파악하여 오차 범위를 고려하여 측정기 셋팅(영점 조정)을 할 수 있다.	문제해결 시나리오, 구두발표
	제품도면을 파악하여 측정 후 Sheet 에 측정값을 고려하여 기록할 수 있다.	
	측정을 완료 후 제품 도면과 비교 파악하여 합부 고려하여 판정할 수 있다.	

평가 문제

1. 측정기에 오차가 발생을 하면, 영점 조정을 한다. 버니어 캘리퍼스의 영점 조정 방법을 측정기를 가지고 설명하시오?
2. 제품 도면에 20.0±0.1mm 표기가 되어 있다면 치수의 범위는 어떻게 되는지 설명하시오?
3. 제품 도면에 20.0±0.1mm 표기가 되어 있고, 실제 제품이 20.2mm 로 측정이 되었다고 하면, 측정 시트에 OK, NG 중 표현 방법은?

피드백

1. 문제해결 시나리오
   - 문제 해결 진행 과정중 필요시마다 피드백을 제공하여 문제 해결을 용이하게 한다.

2. 사례연구
   - 주변에 플라스틱 제품을 찾아보고 준비하여 측정기를 준비하여 학습자들끼리 측정한 내용을 서로 공유할 수 있도록 데이터화여 제시한다.
   - 연구한 내용을 평가한 후에 수정 사항과 주요 사항을 표시하여 다음 수업 시작 시간에 확인 설명한다.

3. 구두발표
   - 발표 과정마다 오류 사항과 주요 사항을 점검, 조정한다.

시제품 측정

학습 정리

단원명 1 | 측정부위 결정하기

- 중요치수 부분 결정하기
  중요치수는 공차로 표기하여 제품의 중요한 부분을 표기한다.
  일반치수는 공차가 표기가 되지 않은 부분으로 중요시 되지 않는 것을 의미한다.

- 시제품 측정하기
  ○ 측정 DATA와 제품도면 비교
  제품도면을 확인하고, 사출 성형품을 측정하였다면, 측정 DATA와 비교하여 합격. 불합격을 판단해야 한다. 불합격된 치수는 원인을 파악하고, 금형제작상의 문제인지, 설계에서의 문제인지를 파악하여 수정하고 다시 측정해야 한다.

단원명 2 | 공구 선정 및 측정 방법 결정하기

- 중요치수 부분 결정하기
  도면 전체의 모든 치수를 측정하고, 공차가 기입된 치수들은 상대물과의 조립이나, 디자인과 관련된 중요한 치수 이므로, 이들 치수는 더욱더 정밀하게 측정할 필요가 있다. 공차로 표기된 치수는 중요치수로 볼수 있다.

- 측정기 선정하기

1. 버니어 캘리퍼스
  기본적으로 버니어 캘리퍼스는 2개의 눈금으로 표시된 쇠자로 되어 있다. 그 하나는 어미자로서, 프레임의 한 쪽 끝에 눈금이 표시되어 있으며, 다른 하나는 프레임을 따라 움직일 수 있는 아들자로서, 슬라이드에 눈금이 표시되어 있다. 이와 같이 버니어 캘리퍼스는 어미자와 아들자가 하나의 몸체로 조립되어 있으며, 측정물의 안지름, 바깥지름 및 깊이 등을 측정할 수 있는 편리한 기기이다.

2. 마이크로미터
  마이크로미터는 정확한 피치의 나사를 이용하여 실제 길이를 측정하는 기기로서, 수나사와 암나사의 끼워맞춤을 이용하여 측정물의 외측 및 내측 길이와 깊이를 측정하는 기기이다. 마이크로미터는 길이 측정용으로 널리 사용되고, 같은 목적의 버니어 캘리퍼스 보다 정밀도가

높아, 미터용은 1/100mm와 1/1000mm 단위까지를 측정할 수 있고, 인치용은 1/1000 in와 1/10000 in까지 측정할 수 있는 것이 있다.

① 내측 마이크로 미터
  홈의 너비 또는 내경을 측정하는 측정기
② 깊이 마이크로 미터
  깊이 게이지와 같이 깊이 측정에 사용되는 측정기
③ 글루브 마이크로 미터
보이지 않는 내측 홈 또는 홈 간격측정

3. 다이얼 게이지
   다이얼 게이지(dial gage)는 랙(rack)과 피니언(pinion)을 이용하여 미소 길이를 확대 표시하는 기구로 되어 있는 측정기이며, 회전축의 흔들림 점검, 공작물의 평행도 및 평면상태의 측정 등에 사용된다.

4. 공구 현미경
   공구현미경은 길이 및 각도측정, 윤곽의 검사 등에 편리하도록 된 현미경의 일종이며, 특히 절삭공구의 측정에 많이 사용된다.

5. 3차원 측정기
   3차원측정기란? 프로브(probe)가 물체의 표면 위치를 3차원적으로 이동하면서 각 측정 점의 공간좌표를 검출하여 그 데이터(data)를 컴퓨터(computer)에서 처리함으로써 3차원적인 크기나 위치, 방향 등을 알수 있게 하는 만능측정기로서 물체 표면에서 점들의 좌표를 알아내기 위하여 프로브(probe)를 움직이는 일종의 NC 기계(machine) 이다.

단원명 3 측정을 수행하고 측정 Sheet 작성하기

- 측정기 셋팅하기
1. 측정기의 0 점 조정
(1) 버어니어 켈리퍼스의 0 점 조정
 - 0점 조정순서
 ① 측정 면의 청결유지 (몸체조오면과 슬라이더 조오면)
 ② 측정 전 0점 확인
 ③ 0점이 맞지 않을 경우에는 0점 조정 (본체와 부척의 0점 조정)
- 아날로그 방식의 경우 : 1/20mm 본척의 버어니어 켈리퍼스에서는 본척의 19눈금과 부척의 10눈금선이 정확하게 일치해야 하고 본척의 "0" 눈금과 부척의 "0"눈금이 바르게 맞게 조정

시제품 측정

하는 것
- 디지털 방식의 : 몸체의 조오와 슬라이더의 조오를 밀착시키고 "0"점 셋팅 보턴을 눌러 LCD판넬의 수치를 0.00으로 조정하는 것

(2) 버어니어 켈리퍼스의 0 점 조정
 - 0점 조정순서
   ① 측정 면의 청결유지 (앤빌면과 스핀들 면)
   ② 측정 전 0점 확인
   ③ 0점이 맞지 않을 경우에는 0점 조정 (내측 슬리브를 회전시킴)

(3) 마이크로미터의 0 점 조정
 - 0점 조정순서
① 측정 면의 청결유지 (앤빌면과 스핀들 면)
② Setting Bar 를 마이크로의 앤빌과 스핀들 사이에 끼우고, 조정너트를 돌려 끝까지 돌린다.
③ 0점 확인
③ 0점이 맞지 않을 경우
④ Thmble과 Ratchet stop 을 분해한다.
⑤ Setting Bar에 0점을 맞춘 후 다시 끼워 맞춘다.

3. 측정기의 보관방법
○ 측정기는 구성부품의 전체가 정밀하게 가공된 상태로 조합되어 있기 때문에 약간의 녹, 먼지, 돌기등이 생기면 사용하기 곤란한 문제가 발생하게 된다.
○ 보관장소와 취급에 충분한 주의를 해야 하며, 온도의 변화가 적고, 습도가 낮은 장소에 보관한다.
○ 공기 중의 가스입자 등 불순물의 부착은 산화를 조장한다. 사용 후에는 필히 청결하게 닦아 방청유를 발라 보관한다.
○ 기름은 얇게 칠하고, 불필요한 곳에는 바르지 않는다. 광학 측정기에는 광학계에 기름이 스며들지 않도록 주의해야 한다.
○ 사용하지 않는 측정기와 게이지도 1년에 2회 정도는 손질을 해야 한다.

- 측정값 기록하기
    도면 전체의 모든 치수를 측정하고, 검사 성적서에 이를 기입한다.

- 제품 도면을 파악하여 판정하기

학습 정리

(1) 2D 제품도면과 제품을 준비한다.
　① 제품 도면을 준비한다.
　② 제품을 준비한다.
　② 5인 1조로 구성한다.

(2) 도면에 표기된 치수를 파악한다.
　① 도면에 표기된 치수를 파악한다.

(3) 검사 성적서에 모든 치수를 기입한다.
　① 제품도의 모든 치수를 검사성적서에 기입한다.

(4) 성형된 제품을 준비한다.
① 제품을 준비한다.

(5) 버니어 캘리퍼스로 제품을 측정한다.
① 버니어 캘리퍼스로 제품을 측정한다.

(6) 측정한 치수를 제품도의 치수와 맞게 기입한다.
① 측정한 치수를 검사 성적서에 기입한다.

(7) 측정한 치수와 제품도의 치수를 비교하여 합격·불합격을 판단한다.
① 측정한 치수와 제품도의 치수를 비교한다.
② 제품도의 치수를 벗어나는 측정 치수가 없는지 확인한다.
③ 비교분석에 의해서 합격·불합격을 판단한다.

시제품 측정

종합 평가

평가문항 1 마이크로미터의 0 점 조정하는 방법에 대해서 설명하시오?

(답)
① 측정 면의 청결유지 (앤빌면과 스핀들 면)
② Setting Bar 를 마이크로의 앤빌과 스핀들 사이에 끼우고, 조정너트를 돌려 끝가지 돌린다.
③ 0점 확인
④ 0점이 맞지 않을 경우
⑤ Thmble과 Ratchet stop 을 분해한다.
⑥ Setting Bar에 0점을 맞춘 후 다시 끼워 맞춘다.

평가문항 2 측정기의 보관 방법에 대해서 설명하시오?

(답)
① 측정기는 구성부품의 전체가 정밀하게 가공된 상태로 조합되어 있기 때문에 약간의 녹, 먼지, 돌기등이 생기면 사용하기 곤란한 문제가 발생하게 된다.
② 측정기는 온도의 변화가 적고, 습도가 낮은 장소에 보관 한다.
③ 측정기는 사용 후에는 필히 청결하게 닦아 방청유를 발라 보관한다.
④ 사용하지 않는 측정기와 게이지도 1년에 2회 정도는 손질을 해야 한다.

평가문항 3 버어니어 켈리퍼스의 0 점 조정하는 방법에 대해서 설명하시오?

(답)
① 측정 면의 청결유지 (몸체 조오면과 슬라이더 조오면)
② 측정 전 0점 확인
③ 0점이 맞지 않을 경우에는 0점 조정 (본체와 부척의 0점 조정)

평가문항 4 정밀측정을 위한 필수 조건들은 무엇인가?

(답)
① 정확한 측정기의 보유
② 적합한 측정환경 유지
③ 좋은 측정기술력을 보유
④ 국가 측정표준과 소급성이 유지 필요
⑤ 측정 불확도의 이해 필요

평가문항 5 아래의 그림과 같은 제품을 3차원 측정기로 측정을 하기 위해서는 성형품을 움직이지 않도록 고정해야 한다. 어떠한 방법으로 고정하여 측정을 하면 좋은지 고정 방법에 대해서 설명하시오?

(답)
블록 게이지를 이용하여 성형품을 측정하기 위한 방법으로 타원의 형상이기 때문에 측면을 측정하기 위해서, 고정을 해야 하는데 게이지 블록이 없이, 고정을 할 수가 없다. 그림처럼, 성형품을 세우고 양끝을 게이지 블록으로 고정시켜, 성형품을 측정하게 된다.

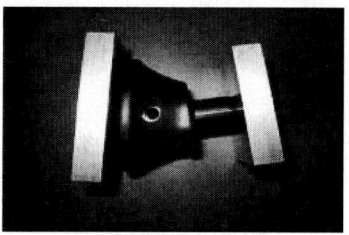

평가문항 6 아래의 그림은 원형상의 제품이다. 3차원 측정기로 측정을 하기 위해서는 성형품을 움직이지 않도록 고정해야 한다. 어떠한 방법으로 고정하여 측정을 하면 좋은지 고정 방법에 대해서 설명하시오?

(답)
성형품의 높이나 돌기 형상 등을 측정하기 위해서는 그림과 같이 블록을 이용하여, 양쪽의 측면을 고정한다. 정확하게 수직이 될 수 있도록 성형품을 고정하고, 고정이 되면 필요한 부분을 측정하게 된다.

시제품 측정

평가문항 7 아래의 그림은 사각형상의 제품이다. 3차원 측정기로 측정을 하기 위해서는 성형품을 움직이지 않도록 고정해야 한다. 어떠한 방법으로 고정하여 측정을 하면 좋은지 고정 방법에 대해서 설명하시오?

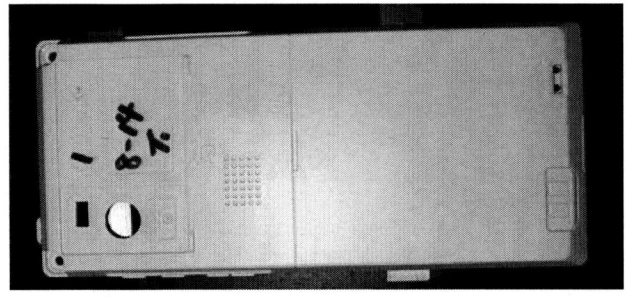

(답)
사각, 원 모양의 홀을 측정 할 때는 게이지 블록 없이, 측정도 할 수 있을 것이다. 그러나 후크 형상으로 인해 정확한 평면인지를 확인하기 어려움으로 기준면이 되는 부분에 게이지 블록을 놓고 측정을 한다. 측면을 측정하기 위해서는 앞의 측정 방법과 동일하게 블록 2개를 놓고, 성형품을 세워 측정하게 된다.

평가문항 8 3차원 측정기란 무엇인가?

(답)

3차원측정기란? 프로브(Probe)가 물체의 표면 위치를 3차원적으로 이동하면서 각 측정 점의 공간좌표를 검출하여 그 데이터(Data)를 컴퓨터(Computer)에서 처리함으로써 3차원적인 크기나 위치, 방향 등을 알 수 있게 하는 만능측정기로서 물체 표면에서 점들의 좌표를 알아내기 위하여 프로브(Probe)를 움직이는 일종의 NC 기계(Machine) 이다. 3차원측정기를 이용하면 복잡한 형상의 물체도 쉽게 측정할 수 있으며, 소프트웨어(Software)를 이용하여 응용 범위를 확대할 수 있고, 다른 시스템(System)과도 데이터(Data) 통신이 용이 하다. 측정된 수많은 점들로 물체의 크기와 위치를 알 수 있을 뿐 아니라, 데이터(Data)를 CAD 소프트웨어(Software)로 보내 측정 부위에 대한 3차원 형상(Image)을 만들 수 있다. 레이져 스캐너(Laser Scanner)를 이용하여 역공학(Reverse Engineering)에도 이용될 수 있다.

평가문항 9 공구 현미경이란 무엇인가?

(답)

공구현미경은 길이 및 각도측정, 윤곽의 검사 등에 편리하도록 된 현미경의 일종이며, 특히 절삭공구의 측정에 많이 사용된다. 마이크로미터(Micrometer)를 이용하여 측정물 지지대(Micrometer stage) 위에 놓인 측정물을 현미경을 보면서 측정 시작점에서 종점까지 이동하고 마이크로미터(Micrometer)의 눈금을 읽어 길이를 측정하며 각도, 진원도 및 반경은 형판접안(形板接眼) 렌즈(Lens)에 의하여 측정 및 검사한다. 지지대는 좌우로 25 ~ 150mm, 전후로 25 ~ 50mm의 이동범위를 갖고 있고, 정밀도는 0.01 ~ 0.001mm의 범위에 있다. 배율은 대물 렌즈(Lens)의 교환에 의하여 10, 15, 30, 50배 정도로 할 수 있다.

평가문항 10 마이크로미터의 사용방법에 대해서 설명 하시오?

(답)

표준형 마이크로미터의 읽는 방법은 먼저 딤블이 위치한 슬리브의 읽는 값과 슬리브의 기선과 딤블이 위치한 딤블의 읽음 값을 더해서 읽는다. 나사의 피치 0.5 mm 딤블의 원주 눈금이 50 등분이 되어 있어, 최소 측정값은 0.01 mm 까지 읽을 수 있다. 슬리브의 눈금이 12와 13 사이에 있으며, 딤블의 40 눈금이 슬리브와 일치하므로 12.40 mm 로 읽는다.

평가문항 11 마이크로 미터는 보통 3개월에 한 번 또는 4개월에 한번 사내의 정기검사를 실시해야 한다. 일반적으로 검사해야할 사항은?

(답)

① 각 부분의 도장이나 도금이 벗겨지지 않아야 한다.
② 각인, 눈금 등에 결점이 없어야 한다.
③ 딤블과 슬리브의 틈새는 균일하게 회전하기 위해서는 딤블의 흔들림이 눈에 띄지 않아야 한다.

시제품 측정

④ 나사부분의 끼워 맞춤은 전 행정에 걸쳐서 미끄러워야 하며, 헐거워서는 안 된다.
⑤ 슬리브의 눈금에 대해서 딤블의 단면은 정상의 읽음에 차이가 없어야 한다.
⑥ 래칫 스톱 또는 프릭션 스톱의 회전은 원활해야 한다.
⑦ 클램프는 확실하고, 또 사용상 오차의 원인이 되어서는 안 된다.

평가문항 12 버니어 캘리퍼스란?

(답)
기본적으로 버니어 캘리퍼스는 2개의 눈금으로 표시된 쇠자로 되어 있다. 그 하나는 어미자로서, 프레임의 한 쪽 끝에 눈금이 표시되어 있으며, 다른 하나는 프레임을 따라 움직일 수 있는 아들자로서, 슬라이드에 눈금이 표시되어 있다. 이와 같이 버니어 캘리퍼스는 어미자와 아들자가 하나의 몸체로 조립되어 있으며, 측정물의 안지름, 바깥지름 및 깊이 등을 측정할 수 있는 편리한 기기이다.

평가문항 13 제품도를 검토할 때, 조립 방법에 따른 제품도 검토 방법이 있다. 어떤 부분들을 검토해야 하는지 설명하시오?

(답)
(1) 조립순서 확인
여러 개의 부품이 조립 될 경우에는 부품별 조립순서와 조립방향 등을 파악하여 조립해야 오 조립을 방지하고, 단품의 훼손을 예방하며, 조립 후 제품의 기능을 발휘 할 수 있다.

(2) 조립 가이드 확인
부품 조립시 조립을 용이하게 하기 위하여 상대물에 제품설계 자가 사전에 반영해둔 부품간의 가이드를 찾아 조립해야 만 쉽게 조립할 수 있다.

(3) 조립 간섭부 확인
조립 중에 단품의 설계 및 제작미스로 인한 간섭의 발생과 부품의 조립방향 등이 바뀌어 조립 과정 또는 조립 완료 후에 간섭이 발생하는 것을 정확하게 파악해야 한다.

평가문항 14 제품을 조립하기 위해 오 조립 방지하기 위한 방법은?

(답)
① 부품간의 정해진 조립 방향을 준수해야 한다.
② 부품간의 정해진 조립 순서를 준수해야 한다.
③ 부품간의 정해진 조립 가이드를 파악하여 부품의 오 조립을 예방해야 한다.

종합 평가

평가문항 15 그림과 같이 버니어 캘리퍼스가 나타낼 때, 치수 값은?

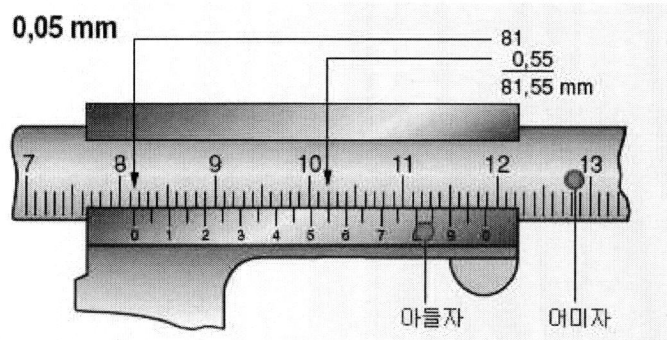

(답)
아들자의 0점 바로 앞의 어미자 눈금을 읽는다. 어미자의 눈금과 아들자의 눈금이 일치하는 곳을 찾아 그 값을 읽는다. 이 두 값을 더한다. 값은 81.55 mm 이다.

시제품 측정

참고자료 및 사이트

1. 고재규·이민(2009). "시제품 측정", 한국 기계 산업 진흥회
2. 이균덕/이대근(2004). "이러닝 강좌 : 측정기의 0점 조정하기", 한국산업 인력 공단

■ 집필위원
　이민

■ 검토위원
　고재규
　박병석

사출금형제작
시제품 측정

초판 인쇄 2016년 06월 17일
초판 발행 2016년 06월 21일
저자 고용노동부, 한국산업인력공단
발행인 김갑용
발행처 진한엠앤비
주소 서울시 서대문구 독립문로 14길 66 205호
　　　(냉천동 260, 동부센트레빌아파트상가동)
전화 02) 364 - 8491(대) / 팩스 02) 319 - 3537
홈페이지주소 http://www.jinhanbook.co.kr
등록번호 제25100-2016-000019호 (등록일자 : 1993년 05월 25일)
ⓒ2016 jinhan M&B INC, Printed in Korea

ISBN　979-11-7009-739-6　(93550)　　　[정가 10,000원]

☞ 이 책에 담긴 내용의 무단 전재 및 복제 행위를 금합니다.
☞ 잘못 만들어진 책자는 구입처에서 교환해드립니다.
☞ 본 도서는 [공공데이터 제공 및 이용 활성화에 관한 법률]을 근거로 출판되었습니다.